Gabi Federer
Martino Rivas

Spiele für Katzen

Die schönsten Tricks für Stubentiger

KOSMOS

Die Tricks 38

Vorhang auf – Manege frei! 96

Service 126

Zu diesem Buch

Mein Vater war ein begnadeter Tierlehrer. Er wurde in eine Hochseilläuferfamilie hineingeboren und wuchs zu einem guten Zirkusartisten heran. Er erarbeitete sich sein Können in verschiedenen Disziplinen und trat als Seiltänzer, Jongleur oder Äquilibrist auf. Am liebsten aber arbeitete er mit Tieren. So wurde mein Vater, Walter Pischl, zusammen mit seiner Ehefrau Edith, meiner Mutter, bekannt als „Die Waltons" mit ihrer Hundenummer. Durch das Artistenleben lernte er die verschiedensten Tierarten kennen und erweiterte sein Wissen in Bezug auf die Haltung und den Umgang mit ihnen. Seine Liebe zu den afrikanischen Tierarten und zu Afrika erwachte. Die unglaubliche Vielfalt im Tierreich faszinierte ihn immer mehr. Er las Bücher und unternahm Reisen nach Afrika. Er hatte das große Bedürfnis, den Menschen, insbesondere den Kindern, mehr Wissen über Tiere zu vermitteln. Im Zirkus war dafür kein Platz. So entschied er sich, sesshaft zu werden und seinen Traum zu realisieren. Er wollte mit seinen Tieren in Schulen gehen, um Vorträge zu halten. Bald hatte er ein „Sammelsurium" an verschiedensten Tierarten in seinem Bus und fuhr von Schule zu Schule, um den Kindern Geschichten und Wissenswertes über sie zu erzählen. Bald kannte man ihn in der ganzen Ostschweiz und auch darüber hinaus als den Tierli-Walter.

Ein kleiner Zoo

Immer mehr Tiere fanden bei ihm ein Zuhause. Da auch meine Mutter eine Tiernärrin war, ergab sie sich ihrem Schicksal mit nicht allzu großem Protest, neben ihren eigenen drei Kindern auch noch unzählige Tierkinder großzuziehen. Im Haus gab es bald zu wenig Platz, daher baute mein Vater immer mehr Gehege auf unserem Grundstück. Bald schon kamen Schaulustige, um all die Tiere anzusehen. So entstand ein kleiner Privatzoo.

Mein Leben mit Tieren

In diesen Zoo wurde ich hineingeboren. Bei uns zu Hause gab es überall Tiere. Sie waren im Haus, neben dem Haus, hinter dem Haus, einfach überall. Für mich war es normal, dass die jungen Tiger im Wohnzimmer aufgezogen wurden; ich alberte mit einem Schimpansenkind herum oder knuddelte einen jungen Waschbären. Dadurch lernte ich den Umgang mit Tieren sozusagen von Kindesbeinen an. Der Zoo wurde größer und 1986 übernahmen mein damaliger Mann Ernst Federer und ich die Zooführung. Wir haben uns zum größten Privatzoo der Schweiz hochgearbeitet. Die Schultierschau ist noch heute ein Bestandteil unseres Konzepts. Wir fahren zu den Schulen, und in den Turnhallen erzählen wir den Schülern über die Tiere, die wir mitgenommen haben. Unser Bus wird nicht mehr kunterbunt gefüllt, nein, wir vermitteln Wissen über bestimmte Themen wie zum Beispiel den Tropischen Regenwald oder zeigen

Wüstentiere. Nebst der Faszination, die Tiere auf Kinder ausüben, können wir einmal mehr auf die Zerstörung ihres Lebensraums aufmerksam machen und darauf hinweisen, dass der Natur und ihrer Vielfalt mehr Beachtung geschenkt werden muss, wenn wir sie erhalten wollen.

Faszination Katze

Trotz meines ganzen Engagements für den Zoo fließt auch Zirkusblut in meinen Adern. Es machte mir schon immer Spaß, den Tieren etwas beizubringen. Von meinem Vater lernte ich so viel wie möglich. Rückblickend betrachtet habe ich mit vielen verschiedenen Tierarten geübt. Ob Tauben, Waschbären, Seelöwen oder Schimpansen, es war für mich jedes Mal eine Freude und eine Herausforderung. Durch die Vorführungen konnte ich die Besucher über die Tiere informieren und das Interesse über die verschiedensten Lebewesen wecken. Ein Tier faszinierte mich seit Kindesbeinen an. Es war die Katze. Raubkatzen, wie Löwen, Tiger, Leoparden oder Jaguare, fand ich schön und faszinierend. Aber die „gewöhnliche" Hauskatze zog mich von jeher in den Bann. Es war ihre Wildheit, ihre Eigensinnigkeit, ihr vielfältiger Charakter, der mich bezauberte. Sie schien zahm, doch blieb sie immer unabhängig.

Warum keine Katzennummer?

Warum gab es nirgendwo Katzennummern? Raubkatzen gab es beinahe in jedem Zirkus, warum arbeitete niemand mit Hauskatzen? Hauskatzen galten unter Fachleuten als nicht dressierbar. Aber warum? Alle Argumente erschienen mir nicht logisch. Wenn Hauskatzen im Zirkus zu sehen waren, dann immer nur eine, jedoch nie eine ganze Gruppe. Wenn mehrere Katzen gleichzeitig in der Manege waren, wurden sie auf ihren Podesten angebunden oder mit permanentem Füttern auf dem Platz gehalten. Ich wollte es einfach ausprobieren. – Gedacht, getan.

Und was ist mit Ihnen? Versuchen wir es doch gemeinsam. Ich erzähle, wie ich es gemacht habe, und Sie probieren es gleich aus.

Ein Buch liest sich schnell. Aber nur mit viel Geduld und Einfühlungsvermögen werden Sie Erfolg beim Arbeiten mit Katzen haben. Nehmen Sie sich Zeit, genießen Sie kleine Erfolge und betrachten Sie den Weg als Ziel. Sie werden viel Freude beim Entdecken der Talente Ihrer Katze haben.

Wenn mir eine Katze ihre Zuneigung zeigt, wärmt sie mir das Herz.

Ein Leben mit Katzen

Katzen gelten als eigenwillig, selbstständig und unerziehbar. Doch Katzen können durchaus auch etwas lernen und sich für den ein oder anderen Trick begeistern. Nutzen Sie ihre Talente und probieren Sie es aus!

Die Wahl der Katzen

Mein Entschluss, eine eigene Katzennummer aufzubauen, stand unwiderruflich fest. Nun begann die Planung, die gar nicht so einfach war. Am allerliebsten wäre ich gleich losgerannt, um Katzen zu suchen. Handeln fällt mir eben leichter als planen. Doch zuerst musste ich mir über einige Fragen im Klaren sein. Wenn Sie eine oder mehrere Katzen halten möchten, empfehle ich Ihnen, sich vorab ähnliche Gedanken zu machen.

1. Warum gerade Katzen?
2. Wie viele Katzen möchte ich halten?
3. Welche Katzen sollen es sein?
4. Woher bekomme ich die Katzen?
5. Wo sollen die Katzen leben?
6. Welche Kriterien sollen sie erfüllen?

Meine Motivation unterscheidet sich vielleicht von Ihrer, insofern können die Antworten ganz anders ausfallen. Falls Sie bereits eine Katze haben, können Sie dieses Kapitel getrost überspringen.

ANTWORTEN

Meine Antworten

1. *Ich möchte versuchen, eine Katzennummer aufzubauen.*
2. *Die Katzengruppe sollte mindestens fünf oder sechs Tiere zählen.*
3. *Am liebsten hätte ich junge Hauskatzen vom Bauernhof.*
4. *Die Tiere sollten auf einem Bauernhof oder bei Privatpersonen geboren worden sein. Ich möchte keine Katzen aus einem Tierheim.*
5. *Sie bekommen ein eigenes Zimmer mit Außenauslauf.*
6. *Es muss ein Wurf sein, also alles Geschwister. Sie müssen mindestens zwölf, lieber vierzehn Wochen bei der Mutter gewesen sein, tierärztlich untersucht und geimpft werden.*

Ihre möglichen Antworten

1. *Ich mag Katzen und möchte eine als Haustier.*
2. *Ich möchte nur eine Katze, denn sie hat die Möglichkeit, rauszugehen. / ... zwei Katzen, denn ich arbeite tagsüber und möchte reine Stubentiger.*
3. *Meine Wunschkatze wäre eine junge Rassekatze mit Stammbaum / eine Hauskatze, aber sie sollte von klein auf bei mir sein / eine Katze / einen Kater / eine ausgewachsene Katze, die nicht mehr so verspielt ist usw.*
4. *Ich suche eine Katze aus einem Tierheim aus, reagiere auf Anzeigen oder frage auf Bauernhöfen oder bei Privatpersonen nach.*
5. *Die Katze wird in meiner Wohnung wohnen. / Die Katze wohnt in meiner Wohnung mit Katzentürchen zum Rein-und-raus-Gehen.*
6. *Sie muss mindestens zwölf, lieber vierzehn Wochen bei der Mutter gewesen sein und tierärztlich untersucht und geimpft werden.*

So leben meine Katzen

Die Vorfreude ist doch die schönste Freude. Ich habe es geliebt, das Zimmer für die Katzen einzurichten. In dieser Vorbereitungszeit konnte ich mir bereits viele Gedanken machen und mich auf die Katzen einstimmen. Es wurde mir auch bewusst, was es bedeutet, eine Gruppe zu mir zu nehmen. Katzen können bis zu 18 Jahre alt werden, manchmal sogar noch älter. Das ist eine Verantwortung über einen langen Zeitraum.

Ein paar Überlegungen vorab

Sechs Katzen machen viel Arbeit. Tägliches Füttern und das Sauberhalten des Zimmers gehören selbstverständlich dazu. Bei mir kommt das Training hinzu, das gerade in der Anfangsphase sehr zeitaufwendig ist.
Der finanzielle Aspekt darf auch nicht außer Acht gelassen werden. Nichtsdestotrotz kosten die Katzen auch Geld. Die Einrichtung, das Fut-

ter, die Katzenstreu, Boxen, Kistchen, Kratzbaum und, und, und. Zudem fallen die Tierarztkosten an. Um das Impfen und Entwurmen wird man nicht herumkommen.

Kosten für den Auftritt
Wenn ich es schaffen sollte, mit den Katzen aufzutreten (das hatte ich anfangs nicht mit Sicherheit gewusst), würden später weitere Anschaffungen wie Requisiten, Kostüme sowie das entsprechende Fahrzeug und der Anhänger, der Fahrer etc. dazukommen.
Spätestens an diesem Punkt meiner Denkarbeit wurde mir bewusst, dass zu viel Denken das Handeln erschwert. Aber da durch das Zoorestaurant und die Zoobesucher Auftrittsmöglichkeiten und potenzielle Zuschauer in Sicht waren, beschloss ich, das mit dem Anhänger und dem Fahrzeug inkl. Fahrer vorerst wieder zu vergessen.

Bereit für die Katzen

Die Planungsphase war damit abgeschlossen. Ich sagte Ja zur täglichen Arbeit wie Füttern und Saubermachen. Ich war bereit, mich mit den Katzen auseinanderzusetzen, zu spielen, um sie zu beschäftigen, und das möglicherweise mehr als achtzehn Jahre lang. Ich konnte mir das Futter und die nötigen Anschaffungen leisten. Damit stand nichts mehr im Weg und ich konnte mich an die Arbeit machen und mit der Einrichtung des Katzenzimmers beginnen.

Das Nötigste in Kürze

Ich werde nicht über die einzelnen Produkte für Katzen referieren. Am besten schauen Sie in verschiedenen Zoohandlungen vorbei, vergleichen Qualität und Preis und kaufen sich das Beste, Schönste, Liebste, Praktischste oder nur das Nötigste.
Schon im Vorfeld etwas über das Tier und sein Verhalten zu wissen, bringt Vorteile im Zusammenleben. Für dieses Wissen gibt es bereits viele Ratgeber und Katzenbücher.

Katzenzimmer mit Auslauf
Meine Katzengruppe würde nicht bei mir in der Wohnung wohnen, aber ich hatte ein großes Zimmer mit Außenanlage vorbereitet. Die Katzen könnten so, ohne große Einwirkung von außen, ihr Sozialverhalten ausleben und die Rangordnung untereinander ausmachen. Mir war auch wichtig, dass es für die Katzen einen klaren Unterschied zwischen Arbeit und Freizeit geben sollte.

Ich bin gespannt, welches die Lieblingsplätze der Katzen sein werden.

Einrichten der Katzenplätze

Mein Katzenzimmer
In meinem Katzenzimmer habe ich darauf geachtet, dass der Boden leicht zu reinigen ist. Die Katzen haben einen gemütlichen Fensterplatz und verschiedene Hochsitze, ein altes Sofa, verschiedene Klettermöglichkeiten und „Krallenwetzer". Durch ein Fenster können sie in die Außenanlage.

Auch dort gibt es Hochplateaus, wo sie sich gemütlich sonnen können. Im Frühling und Sommer gibt es Gras, im Winter auch mal kalte Pfoten. Ich habe darauf geachtet, dass es genug Schlafplätze gibt, und dass mehr als nur eine Katze darauf Platz hat. Vor allem die Sonnenplätze würden heiß begehrt sein. Außerdem wäre es kuschelig warm, wenn mehrere Katzen zusammenlägen. Sie genießen die gegenseitige Nähe. Nachdem die Katzen einige Zeit in ihrem Zimmer wohnen, würde es nicht schwer sein herauszufinden, wo ihre bevorzugten Liegeplätze sind. So könnte ich bei Bedarf den einen oder andern Schlafplatz vergrößern oder umplatzieren.

Hoch gelegen und kuschelig
Katzen überschauen gern ihr Territorium. Ein Plätzchen in luftiger Höhe würde ihnen sicher gefallen. Gern sitzen sie auch am Fenster und beobachten draußen das Geschehen. Ein Stuhl auf Fensterhöhe und etwas zurückgezogene Gardinen für freie Sicht nach draußen wären optimal. Eine Katze hat in der Wohnung viele Möglichkeiten, um zu schlafen oder sich zu verkriechen. Meistens sucht sie sich diesen Platz selbst aus.

CHECK

Einkaufsliste

Sind Sie bereit, den Einkaufswagen zu füllen und das neue Zuhause Ihres Tieres einzurichten? Das brauchen Sie:

- [ ] *Futter / Futternapf / Wassernapf*
- [ ] *Katzenstreu / Katzenklo*
- [ ] *Möglichkeit zum Klettern*
- [ ] *Möglichkeit, ihre Krallen zu wetzen (Kratzbrett, Kratzbaum)*
- [ ] *Hochsitz / Aussichtsplatz / Fensterplatz*
- [ ] *Evtl. Katzentürchen für freies Bewegen vom Zimmer zum Außenteil*
- [ ] *Schlupfloch / Verkriechecke*
- [ ] *Schlafplätze*
- [ ] *Evtl. Spielsachen*

Wo hänge ich am besten die Seile auf? Das eine baumelt und ist zum Spielen, das andere zum Balancieren.

Gibt es aber in den Räumen, die der Katze zur Verfügung stehen, keine kuschelige Ecke oder eine Nische, um sich zu verkriechen, empfehle ich, wenigstens eine Kiste mit Decke oder ein Kissen im Raum zu lassen.

Die Kätzchen ziehen ein

Endlich war es so weit. Einem befreundeten Tierarzt hatte ich den Auftrag gegeben mich anzurufen, sobald jemand einen Wurf Katzen abgeben möchte. Beim ersten Mal wurden fünf Katzen aus einem Wurf, beim zweiten Mal sechs Katzen aus einem Wurf abgegeben.
Eine meiner wichtigsten Bedingungen, bevor ich die Katzen zu mir holen würde, war, dass die Jungtiere mindestens zwölf bis vierzehn Wochen bei der Mutter aufwachsen konnten. Junge Säugetiere sollten so lange wie möglich Muttermilch trinken können. Sie stärkt ihre Abwehr und trägt zu einem natürlichen, gesunden Körperbau bei.
In dieser wichtigen Lebensphase wird ihnen das artgerechte Sozialverhalten mit auf ihren Lebensweg gegeben.

Bald holte ich die Katzen auf dem Bauernhof ab und brachte sie zum Tierarzt. Einige Fragen wollte ich ihm noch stellen:

1. Wo kommen die Tiere her?
2. Wie waren ihre Lebensbedingungen bis jetzt?
3. Wie alt sind die Tiere?
4. Sind alle gesund?
5. Gibt es physische oder psychische Auffälligkeiten?
6. Sind die Tiere geimpft?

Endlich kann das neue Zuhause erkundet werden.

TIPP

Kratzbaum selbst basteln
Wer Lust zum Basteln hat, kann sich einen Kratzbaum auch gut selbst bauen. Eine Teppichkartonröhre mit Seilen eingewickelt oder mit Kokosteppich umspannt, ermöglicht der Katze zu klettern und ihre Krallen zu wetzen. Der „Designer“ hat zudem viel fantasievollen Spielraum für eine Eigenkreation.

ANTWORTEN

1. *Die Katzen stammen vom Bauernhof X.*
2. *Sie sind auf dem Heuboden aufgewachsen. Ihre Mutter ist erfahren und hat schon öfter Junge aufgezogen.*
3. *Die Tiere sind genau vierzehn Wochen alt.*
4. *Es gibt keine Anzeichen von Entzündungen, Würmern oder Milben. Sie sind nicht erkältet oder unterernährt und sie sind aktiv.*
5. *Das Fressverhalten ist normal, ebenso die Ausscheidungen. Ihr Knochenbau ist ohne Auffälligkeiten. Ohren und Augen sind soweit ersichtlich in Ordnung.*
6. *Alle notwendigen Impfungen sind gemacht worden.*

Jeder Winkel wird ausgiebig beschnuppert. Es ist herrlich, dabei zuzusehen.

Kennenlernen der Katzen

Das Katzenzimmer ist eingerichtet, von der Toilette bis zum Katzenfutter steht alles bereit. – Und bei Ihnen? Ist der Kratzbaum montiert, der Balkon mit einem Netz gesichert, sind das Katzenkistchen und das Katzenfutter bereitgestellt? Dann kann der neue Hausfreund einziehen.

Rein und Raus nach Lust und Laune, das macht Spaß.

Am liebsten saß ich im Katzenzimmer, um der verspielten Bande zuzusehen. Mal wurde ich ignoriert, mal in ihr Spiel integriert. Sie reagierten auf die Bewegungen meiner Zehen, stürzten sich wie wild auf das Bällchen, das ich in den Raum rollen ließ, bissen mir in die Finger, rannten mir den Rücken hoch, als wäre ich ihr Kratzbaum. Bis plötzlich Ruhe einkehrte und alle irgendwo auf mir hockten, zusammengerollt und angeschmiegt schlafen wollten. Aber nur, bis ein neuer Impuls die nächste Spielrunde einleitete.
Ich freute mich wie ein Kind, als ich sah, wie sie alle Dinge, die ich ihnen eingerichtet hatte, benutzten. Ich war gespannt, auf welchem Kissen sie am liebsten säßen, welcher Weg am meisten benutzt würde. Jetzt waren sie endlich daheim!

Kennenlernen und Vertrauen aufbauen

Für die Arbeit kam jetzt eine der schönsten und wichtigsten Aufgaben, das Kennenlernen der Tiere. Ich saß gern mehrmals am Tag bei den Katzen im Zimmer. Manchmal tat ich gar nichts, saß nur da und schaute zu. Mich interessierte ihr Verhalten. In dieser Zeit fassten wir gegenseitiges Vertrauen. Die Zeit, die ich jetzt aufwandte, würde meine Basis sein, das Fundament, auf das ich baute.

Da ich möglichst die Talente und Vorlieben der Tiere für die Tricks ausnutzen wollte, waren die ersten Beobachtungen besonders wichtig. Für eine verschmuste Katze ist es ein schönes Arbeiten, wenn sie um etwas herumschleichen und sich dabei genüsslich am Requisit anschmiegen kann. Eine andere Katze sucht eher die Höhe und nutzt jede Möglichkeit, auf etwas hinaufzuklettern. Wieder eine andere lässt keine Gelegenheit aus, von einem Platz auf einen andern zu springen. Ich merkte mir die Eigenschaften der einzelnen Tiere, um diese später in die Nummer einbauen zu können.

In der mit den Katzen verbrachten Zeit entsteht eine tiefe Freundschaft. Das Grundvertrauen wird aufgebaut und gefestigt.

Ich versuchte herauszufinden, welche Tiere folgende Charaktereigenschaften, Vorlieben oder Talente besaßen:

1. Welche Katze ist verschmust?
2. Welche Katze ist scheu?
3. Welche Katze ist dominant (Leitkatze)?
4. Welche Katze bewegt sich viel?
5. Welche Katze klettert gern in die Höhe?
6. Welche Katze springt gern?
7. Welche Katze ist am aufmerksamsten?
8. Welche Katze ist ängstlich, welche mutiger?
9. Welche Katze reagiert auf mich?
10. Welche interessiert sich nicht für mich?
11. Wie kann ich ihr Interesse wecken?

„Laika, ich habe mich heute morgen schon gewaschen." Sie ist eindeutig verschmust und liebt die Nähe.

Was Katzen lernen können

Mir war es wichtig, dass alle Tricks aus natürlichen Bewegungsabläufen entstanden. Die Katzen zeigten das Verhalten von sich aus und konnten so leichter die Kunststücke lernen. – Die Zuschauer sind begeistert!

An Ideen hat es mir noch nie gemangelt. Viele Fachleute waren davon überzeugt, dass man Hauskatzen nicht dressieren kann. Vielleicht würden sie manches lernen, aber nicht zuverlässig auf Abruf ausführen. Um eine Nummer vorführen zu können, ist aber gerade dies eine der Bedingungen. Eine andere Meinung war, dass die Tiere vielleicht zwei, drei Jahre arbeiten würden, solange sie noch verspielt sind, auf längere Zeit aber nicht mehr mitmachen würden.

Ich wollte es selbst herausfinden und habe mich nicht abschrecken lassen. Mit meinen ersten Katzen habe ich über zehn Jahre lang „gearbeitet". Wir hatten gemeinsam Auftritte im In- und Ausland, im Fernsehen, in Hallenstadien, auf Katzenausstellungen, im Zirkus sowie auf zahlreichen kleinen und großen Bühnen.

Je länger ich mit den Tieren gearbeitet habe, desto zuverlässiger wurde die Katzengruppe wider allen Prognosen und Prophezeiungen. Leider hatte ich, nach zehn Jahren gemeinsamen Auftretens, in einem Jahr zwei Katzen an der Katzenkrankheit VIP verloren. Mit nur drei Katzen wollte ich die Nummer nicht mehr zeigen, zumal auch die Erinnerung zu sehr schmerzte. Kiddi, Tigerli und Blacky durften zu meiner Mutter in Pension. Leider zeigte sich die Krankheit bald bei Blacky und gut ein Jahr später verstarb auch das Tigerli.

Eine Katze, Kiddi, lebt noch. Sie wird von meiner Mutter richtig verwöhnt. Wenn ich die beiden besuche und Kiddi mich ansieht, bin ich mir sicher, dass sie noch genau weiß, was zu tun wäre, wenn ich sie auf die Requisiten stellen würde. Ich habe es nie getan und ich werde es auch nicht mehr ausprobieren.

Zehn Jahre war Kiddi der Star der Truppe. Nun lebt sie bei meiner Mutter und genießt das Stubentigerdasein.

Ich nutze für meine Tricks Ideen, die dem natürlichen Verhalten der Katzen entsprechen.

Tricks ausdenken

Jetzt durfte fantasiert werden. Ich malte mir meine Katzennummer in den schönsten Farben aus, dachte mir die tollsten Tricks aus. In Gedanken funktionierte natürlich alles bestens. Aus all meinen Ideen pickte ich die realistischen Teile heraus und fing an, diese aufzuschreiben.

1. Eine Katze soll von einem Platz auf einen anderen springen.
2. Eine Katze soll über einen Stab balancieren.
3. Eine Katze soll „hoch" machen („Männchen" machen).
4. Eine Katze soll selbstständig eine Säule hochklettern.
5. ....
6. ....
   (Hier ist Platz für Ihre Ideen, seien Sie mutig! Sind sie erst einmal aufgeschrieben, wagen Sie sich eher an die Umsetzung.)

Es war mir wichtig, dass die Tricks, die ich auf Abruf einstudieren wollte, zum natürlichen Bewegungsablauf einer Katze gehören.

Katzen sind wahre Balancekünstler. Wehe dem Vogel, der das unterschätzt.

All die Dinge würde auch eine frei laufende Katze tun. Sie springt, sie balanciert, sie stellt sich auf die Hinterbeine und sie klettert den Stamm eines Baumes hinauf.

Jetzt oder nie

Jetzt kam die Phase, wo meine Geduld auf die Probe gestellt wurde. Mein Drang, endlich mit dem Training anzufangen, war kaum zu bändigen.
Im Nachhinein hatte ich immer Mitleid mit all den Menschen, die mich zu jener Zeit umgaben. Denn ich bin ungeduldig, und wenn es losgehen sollte, muss es sofort geschehen. Nichts anderes konnte wichtiger sein. Ich organisierte und delegierte und gab erst Ruhe, als endlich alles beisammen war und ich anfangen konnte, mit den Tieren zu arbeiten.

Das ideale Alter

Andererseits hatte meine Jetzt-oder-nie-Einstellung auch seinen Grund. Es gibt eine optimale Phase, mit dem Training zu beginnen. Wenn die

Tiere mit mir vertraut sind, mich kennen und auf mich reagieren, sind sie bereit. Bei Tieren ist es nicht anders als bei Menschen. Solange sie jung und verspielt sind, lernen sie am leichtesten. Das soll nicht heißen, dass eine ältere Katze nichts mehr lernen kann; es dauert allerdings etwas länger und man braucht dementsprechend mehr Geduld.

Arbeit und Freizeit

Da ich mit meinen Katzen auch auswärts arbeiten wollte, war mir eine Trennung von Arbeit und Freizeit wichtig. Ich musste daher die Umgebung verändern. Wenn Sie nicht vorhaben, mit den Tieren die Tricks in einer anderen Umgebung vorzuführen, brauchen Sie keinen separaten Trainingsraum. Dann ist es sogar schön, zu Hause mit den Tieren zu spielen.
Ich wählte, besonders für die Anfangsphase, einen schlichten, neutralen, eher kahlen, kargen Raum. Es gab nichts, was die Katzen ablenkte. Ich brauchte genug Platz, um verschiedene Requisiten auf- und abbauen zu können.

Die Wahl der Requisiten

Ich musste lange überlegen, bevor ich wirklich mit den Requisiten anfangen konnte. Zu Beginn nehmen wir die vier Tricks, die wir oben ausgewählt haben. Was braucht es für ein Requisit, damit die Katze Folgendes machen kann?

Von einem Platz auf einen anderen springen

- Man braucht eine Fläche, die groß genug zum Sitzen, Abspringen und Landen ist.
- Sie muss stabil sein und darf auf keinen Fall umkippen.
- Man muss den Platz verstellen können, um die Sprungweite langsam zu vergrößern.

Zu Hause können Sie es mit Stühlen oder Barhockern versuchen. Solange diese nahe zusammenstehen, bieten sie genug Stabilität. Je weiter der Abstand zwischen den Podesten wird, desto größer wird die Kippgefahr.
Es ist dann besser, aufzuhören, und kein Risiko einzugehen. Erst wenn die Standfestigkeit wieder gewährleistet ist, darf der Abstand weiter ausgebaut werden. Gerade in der Anfangsphase können solche Negativerlebnisse das Vertrauen in die Requisiten stören, und es dauert umso länger, es wieder aufzubauen. Anders formuliert: Ist das Requisit stabil, hat die Katze immer ein positives Erlebnis, wenn sie springt. Sie kann gelobt und belohnt werden.

Die Hocker sind stabil, sie wackeln auch beim Absprung der Katze nicht.

Baghiera wird ihrer Rolle im Dschungelbuch gerecht und balanciert über den Ast, den Mogli und Balu auf ihren Schultern halten.

Dadurch ist sie motiviert, weiterhin zu springen. Kippt das Requisit, beginnt die Arbeit von vorn, denn die Katze muss erst wieder Vertrauen in die Podeste bekommen und lernen, dass ihr nichts passiert.

Über einen Stab balancieren

- Man benötigt einen Stab, eine Stange oder eine Holzlatte (Dachlatte), die eine Länge von ca. zwei Meter bis zwei Meter fünfzig hat.
- Das Requisit muss rutschfest sein, sodass die Katze einen sicheren Halt findet und sich allenfalls mit den Krallen festklammern kann.
- Eine Halterung am Ende der Stange verhindert, dass die Stange abrutscht.
- Eine Sitz- oder Drehfläche hilft beim Start des Balanceakts.

Auch bei diesem Gerät ist vor allem Stabilität gefragt. Der Stab darf auf keinen Fall brechen oder abrutschen. Die Katze muss sich darauf wohlfühlen. Sicher fühlt sie sich, wenn sie sich im Notfall festkrallen kann. Hat sie diese Sicherheit, ist es einfacher, sie zum Balancieren zu motivieren.

Eine Säule hochklettern

- Man benötigt einen Tisch, auf dem eine Klettersäule angebracht werden kann.
- Verwenden Sie lieber eine extra für diesen Zweck angefertigte Klettersäule und nicht den Kletterbaum, der sonst als Schlaf- oder Liegeplatz von der Katze benutzt wird.
- Am oberen Ende der Klettersäule sollte der Katze eine Fläche zur Verfügung stehen, die genug Platz zum Stehen, Drehen und Sitzen bietet.

Die optimale Tischhöhe hängt von der Größe des Tierlehrers ab. Für den Hausgebrauch genügt die normale Esstischhöhe. Meinen Tisch habe ich etwas niedriger bauen lassen, um die Handzeichen ganz deutlich geben zu können. Die Katze musste für mich auch erreichbar sein, wenn sie oben auf der Säule saß. Ich wollte sie herunterheben können, ohne einen zusätzlichen Schemel oder Stuhl danebenstellen zu müssen. Deshalb habe ich Säule und Tisch meiner Körpergröße angepasst.

Auch mein künstlicher Baum, eine Röhre mit einem Seil umwickelt, ist für Sabu ein Leichtes, ihn zu erklimmen.

„Hoch“ oder „Männchen“ machen

- Die ebene Fläche muss groß genug sein, damit die Katze stehen oder sitzen kann.
- Optimal wäre ein Podest/Stuhl/Barhocker, der in etwa der Bauchhöhe des Tierlehrers entspricht.
- Die Balancefläche muss stabil sein und darf nicht wackeln.

Wie Sie sehen, können für verschiedene Tricks auch dieselben Requisiten verwendet werden. Wenn Sie zum Beispiel einen Barhocker als Requisit nehmen, kann dieser das Hilfsmittel für diese drei Tricks sein. Sie brauchen nur darauf zu achten, dass die Halterung für den Stab unter der Sitzfläche angebracht wird und nicht oberhalb. Am Anfang ist es gut, wenn die Katze für das „Hoch“ eine gerade, glatte Oberfläche nutzen kann.

Sitzpodeste für die Katzen

Die für die Auftritte wichtigsten Requisiten fehlten noch: die Sitzpodeste. Wo sollten sich die Katzen während der Nummer aufhalten und vor allem, wie wollte ich sie dort haben? Diese beiden Fragen waren für mich entscheidend. Es war nicht so, dass es auf der Welt keine anderen Katzennummern zu sehen gab. Es gab russische Katzennummern, aber auch Katzen, die in einer Hundenummer integriert waren. Auch in gemischten Haustiernummern waren die beliebten Schmusetiere manchmal zu sehen. Oftmals arbeitete die Tierlehrerin jedoch nur mit einer Katze. Waren mehrere Katzen in der Nummer involviert, wurden sie einzeln herein- und hinausgebracht oder waren über ein Halsband an ihrem Podest festgebunden.

Aisha fühlt sich auf ihrem Hocker wohl und hat hier einen stabilen, guten Halt.

Weltweit einzigartig

Es enttäuschte mich jedes Mal, dass die Katzen nicht frei auf ihren Plätzen saßen. Das war meine Bedingung: Nur, wenn es mir gelingen sollte, dass meine Katzen während der Nummer frei auf ihren Podesten

TIPP

Standfeste Requisiten

Die Trainingsrequisiten sind in der Regel Prototypen, trotzdem müssen sie sorgfältig ausgesucht und angefertigt werden. Die erste Trainingszeit ist entscheidend. Die Tiere sollen Freude an der Arbeit haben und ihr Spieltrieb muss geweckt werden. Sind die Requisiten stabil, können sich die Tiere und der Tierlehrer aufeinander konzentrieren, ansonsten lenkt ein wackeliger Barhocker beide von der eigentlichen Aufgabe ab.

saßen, würde ich mit den Tieren auftreten. Und es gelang mir! Darauf war und bin ich besonders stolz. Ich hatte geschafft, was keiner zuvor hinbekommen hatte. Zwar war mir klar, dass die Zuschauer dies nicht bewusst wahrnehmen würden, doch gerade das machte meine Nummer einzigartig.

Mein Ziel

Alle meine Tiere sollten während der kompletten Nummer auf der Bühne sein, keines von ihnen sollte angebunden werden und alle müssten es sich auf ihren Podesten bequem machen können.
Dieses Ziel war meine größte Herausforderung! Ihnen Tricks beizubringen, war im Vergleich dazu ein Katzenkinderspiel. Doch die Arbeit hat sich gelohnt. Ich hatte dadurch nicht nur eine Basis, ein Fundament, sondern ein einzigartiges Vertrauen zu den Tieren aufbauen können, und vor allem auch die Tiere zu mir. Um öffentlich aufzutreten, ist diese Basis unumgänglich.

Für das „Spieltraining" zu Hause ist es nicht zwingend notwendig. Es macht den Tieren mehr Spaß, zu balancieren, zu klettern oder von Stuhl zu Stuhl zu springen, als auf einem Hocker sitzen zu bleiben. Dadurch haben Sie und Ihre Katze mehr Erfolgserlebnisse. Erst wenn Sie als Tierlehrerin möchten, dass Ihre Katze etwas NICHT tut, ist es an der Zeit zu arbeiten, nicht mehr „nur" zu spielen. Für mich war es sehr wichtig, dass meine Katzen auf den Podesten bleiben und nicht auf den Boden springen.

Sitzpodest für fünf Katzen

Bei meiner ersten Katzennummer hatte ich alle fünf Katzen auf einem Requisit platziert, sodass sie nicht nur in Sichtkontakt waren, sondern auch miteinander schmusen konnten. Das Sitzpodest stand in der Mitte der Bühne etwas nach hinten versetzt. Der Arbeitstisch mit den verschiedenen Möglichkeiten, kleinere Requisiten aufzustellen, stand weiter vorn in der Mitte.

Mit dieser Katzennummer gewann ich 1991 den Schweizer Showtalentwettbewerb. Alle fünf Katzen sitzen hinten auf den Podesten, vorn ist der Arbeitstisch.

Auf dem Sitzpodest ist es so gemütlich, da ist gar Zeit für eine Maniküre. Katzen sind sehr saubere Tiere. Da können noch so viele Zuschauer sein, bei der Morgentoilette lassen sie sich nicht stören.

Um mir die Arbeit ein wenig zu erleichtern, platzierte ich den Tisch so zum Sitzpodest, dass die Katzen ohne kräftiges Abspringen den Abstand überbrücken konnten.

Immer mit Blickkontakt

Für die sechsköpfige Truppe erschien mir ein einzelnes Podest zu groß und ich entschied mich für zwei Dreiergruppen, die die Flanken der Bühne zieren. Die Hauptrequisiten für die verschiedenen Tricks konnte ich wieder in die Mitte stellen. Auch hier war mir wichtig, dass sich alle Katzen immer sehen konnten. Ich bin überzeugt, dass es die Tiere animiert, wenn sie dabei zusehen können, wie ich mit einem von ihnen arbeite. Das Lob für eine Katze motiviert auch die andern, denn es herrscht eine positive Energie im Raum, die aktiv macht. Zudem bekommt die Katze, die gerade arbeitet, von ihren Kameraden Sicherheit. Sind die Katzen hinten auf den Podesten ruhig, droht keine „Gefahr" und die „arbeitende" Katze kann sich ganz auf ihre Aufgabe konzentrieren.

Verhalten beobachten

Ein weiterer wichtiger Grund, alle Tiere zusammen auf der Bühne zu haben, ist ihre Befindlichkeit. In den Momenten, in denen sie nicht arbeiten, also auf ihren Podesten sitzen, sehe ich, wie es ihnen geht.

- Wird eine Katze unterdrückt?
- Ist eine der Katzen nervöser als sonst?
- Ist eines der Tiere ungewöhnlich müde oder unmotiviert usw. ...?
- Wie reagieren sie auf Belohnung?

Dadurch habe ich die Möglichkeit, während der Nummer zu reagieren. Ist eine Katze nervös, ist die Gefahr, dass sie von ihrem Sitzpodest springt, größer. Ich muss diesem „Problem" mehr Aufmerksamkeit schenken, sie ablenken und versuchen, sie zu beruhigen. Ist die Katze müde und unmotiviert, kann ich mit gutem Zureden und extra Streicheleinheiten versuchen, ihre Stimmung zu heben. Die Tiere sollen sich wohlfühlen und gern arbeiten. Ist das nicht der Fall, habe auch ich keine Freude an der Arbeit.

Handwerkszeug für Dompteure

Die wichtigsten Voraussetzungen beim Tiertraining sind Geduld, Einfühlungsvermögen und eine große Liebe zu den Tieren. Haben Sie das im Gepäck, können Sie loslegen und mit Ihrer Katze üben.

Der Transport von Ort zu Ort

Bei Ihnen zu Hause ist nun alles bereit. Bald können Sie testen, ob Sie in Ihrer Werkstatt gute Arbeit geleistet haben. Ich jedoch hatte noch eine Schwierigkeit zu überwinden: Wie kommen die Katzen in den Trainingsraum? Auch später müssen die Tiere auf die Bühne transportiert werden oder in den Transportanhänger bei auswärtigen Auftritten.

Heiß begehrte Schlupflöcher
Die meisten Katzen gehen gern in Kisten oder Schachteln hinein. Die meisten Katzenbäume haben ein „Schlupfloch“, in das sich die Katze zurückziehen kann. Probieren Sie es zu Hause aus und geben Sie Ihrer Katze Schachteln zum Spielen. Wahrscheinlich lag Ihre Katze auch schon in Ihrem Wäschekorb und hat es sich auf der frisch gewaschenen Wäsche bequem gemacht.
Alle diese Schachteln, Körbe oder Schlupflöcher haben etwas gemeinsam: Sie sind für die Katze ein positives Erlebnis. Sie spielt gern damit oder fühlt sich wohl darin. Mein Ziel war es also, dass die Katzen gern in die Transportkisten gehen.

Boxenaversionen
Ich werde oft gefragt, warum meine Katzen gern in die Boxen einsteigen, während sich die eigene Katze heftig dagegen sträubt. Daraufhin stelle ich die Gegenfrage: „Wann oder zu welchem Zweck wird die Box gebraucht?“ Meistens ist es dieselbe Antwort: Für die Fahrt zum Tierarzt. In der Regel ist die Katze krank oder muss geimpft werden. Also eine unangenehme Angelegenheit für die Samtpfote, die oft mit Stress verbunden ist.

Die Katzenboxen gehören am Anfang zur Einrichtung des Katzenzimmers. Sie werden beschnuppert wie alles Neue im Zimmer.

Oft wird sie unter Zwang in die Transportbox gestopft. Kaum ist die Katze darin, wird sie aus ihrem gewohnten Umfeld herausgetragen, sie kennt sich nicht mehr aus und weiß nicht, was mit ihr geschieht. Dann kommen lauter fremde Hände, die sie festhalten, die Nadelstiche oder unangenehme Pasten und Tröpfchen verabreichen, und zu guter Letzt wird sie wieder in die Box gesperrt.

Boxentraining

Sehen Sie das Einsteigen in die Transportbox als ersten Trick an, den wir der Katze beibringen. Die Box muss groß genug sein, sodass sich die Katze darin drehen und bequem hinlegen kann. Ich habe eine Boxengröße gewählt, in der drei Katzen Platz haben. In die Box habe ich ein Teppichstück gelegt, das ich gut auswechseln kann. Schön wäre auch eine kuschelige Decke oder ein Kissen, das nicht zu viel Platz wegnimmt. Die Box sollte der Katze auch die Möglichkeit bieten, nach allen Seiten hinauszuschauen. Dadurch kann sie jederzeit sehen, wohin es geht und was passiert.

TIPP

Auswahl der Transportbox

Die Auswahl an Transportboxen ist groß. Lassen Sie sich Zeit beim Aussuchen. Wenn Sie die Box hässlich und unpraktisch finden, gefällt sie Ihrer Katze auch nicht, denn sie wird Ihre negativen Gefühle in Bezug auf die Box spüren. Allerdings darf die Box auch nicht nur hübsch und süß sein, denn sie hat trotz allem einen Zweck zu erfüllen.

In die Transportbox steigen

Mitten im Raum

Räumen Sie die Transportkiste nicht gleich weg. Finden Sie einen Platz für die Box, so wie für den Katzenbaum oder das Katzenklo auch. Ich habe die Türchen immer offen gelassen, damit die Katzen rein und raus konnten. Somit gehört die Transportbox zum alltäglichen Inventar und die Katze hat keine Angst mehr vor ihr, denn sie stellt keine Gefahr dar.

Wie kommt die Katz in die Box?

Das Spiel beginnt! Lassen Sie Ihrer Fantasie freien Lauf, denn jetzt gilt es, die Katze in die Box zu lotsen. Rollen Sie eine Kugel hinein, oder spannen Sie eine Schnur, die Sie durch die Box ziehen können, um die Katze im Spiel in die Box zu manövrieren. Es darf auch mal auf die Box geklettert oder um sie herumgetigert werden.

Das Training beginnt

Sie möchten nun vom Spiel zum Training übergehen. Die Katze hat keine Angst mehr vor der Box, geht hinein, springt darauf, vielleicht schläft sie auch mal in ihr. Die Vorarbeit ist somit abgeschlossen. Nun trainieren Sie, dass die Katze in die Box geht, wenn Sie es möchten. Dafür brauchen Sie Zeit. Wenn die Katze in die Box muss, aber nicht hinein will, entsteht eine Stresssituation. Wenn Sie zudem noch in Zeitnot wären, weil der Tierarzttermin naht, können Sie der Katze mit Sicherheit kein positives Erlebnis vermitteln. Üben Sie nur, wenn es nicht darauf ankommt, ob es funktioniert oder nicht. Klappt es heute nicht, dann vielleicht morgen oder übermorgen. Erzwingen Sie es heute, brauchen Sie länger, denn die ganze Vorarbeit beginnt von vorn. Sie müssen das Vertrauen in die Box von Neuem aufbauen.

Angenehme Atmosphäre

Katzen sind sehr eigenwillig. Das kann ich nur bestätigen. Sie sind aber auch sehr sensibel und reagieren auf Stimmungen. Fühlen sich die Katzen nicht wohl, spüren sie Druck, Ungeduld oder gar schlechte Laune, werden sie nicht mitarbeiten. Es liegt also am Tierlehrer, eine Atmosphäre zu schaffen, die angenehm ist und den Tieren Sicherheit bietet. Dann sind auch Auftritte in Hallenstadien, auf Hundeausstellungen oder in einem Zirkuszelt möglich.

Belohnung

Eine Belohnung, die durch den Magen geht, ist neben den Streicheleinheiten beim Lernen von Tricks sehr hilfreich. Ich nehme dafür Rindfleischstückchen, die ich in fingerspitzengroße Würfel schneide, sodass sie mit einem Bissen gefressen werden können. Auch Trockenfutterstücke sind von der Größe her gut geeignet. Für mich haben sie aber zwei Nachteile. Zum einen dauert es länger, bis die Katze sie gefressen hat, denn sie kaut lange daran herum. Zum anderen kann ich sie nicht auf mein Stäbchen stecken.
Bei der Belohnung ist in erster Linie wichtig, dass die Tiere sie auch wirklich mögen. Ich habe eine Katze, die mochte plötzlich keine Rindfleischstücke mehr. Bei ihr kann ich nur noch über Streicheleinheiten und liebe Worte mein Ziel erreichen.

Die Katzen können in die Boxen rein und raus, oder auch darin schlafen. Das Türchen ist nur angelehnt.

Am Anfang hatte ich eine Fütterung der Raubtiere. Mit der Zeit nahmen die Katzen das Fleisch sanft und ohne ausgefahrene Krallen.

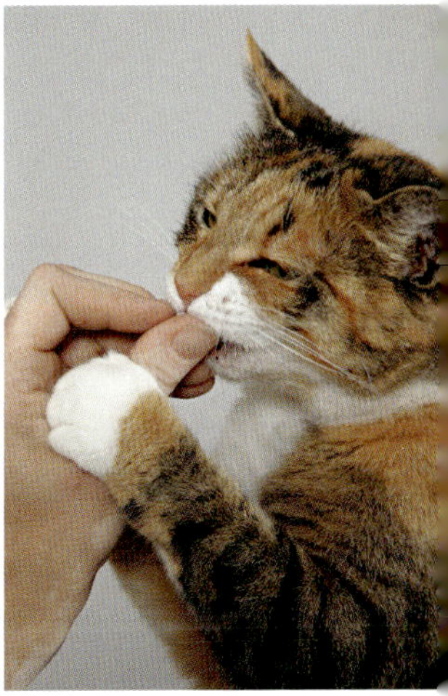

Laika ist besser durch Streicheleinheiten als durch Fleischbelohnung zu motivieren. Das genießen wir beide.

Rohes Rindfleisch gibt es für die Katzen nur beim Arbeiten, es soll etwas Besonderes sein und ein Dankeschön von meiner Seite an meine Partner.

Der Futterbeutel

Jetzt sind Sie startbereit. Sie haben die Box ins Zimmer gestellt, im Futtersack ist die Belohnung. Als Futtersack benutze ich eine Ledertasche, die an einem Gürtel befestigt ist, den ich mir um die Taille binden kann. Die Tasche ist so groß, dass die Fleischstückchen und ein hölzerner Spieß von ca. 20 cm Länge darin Platz haben. Die Öffnung muss groß genug sein, damit ich das Fleisch und den Fleischspieß gut herausnehmen kann. Sie darf aber nicht aufklaffen, denn das Fleisch soll auf keinen Fall herausfallen. Es besteht bei einer zu großen Öffnung auch die Gefahr, dass die Katze einfach ihren Kopf hineinsteckt oder selbst das Fleisch mit den Pfoten herausangelt. Ich bevorzuge außerdem Leder, weil es gut abwaschbar ist und weil die Fleischwürfelchen nicht daran kleben bleiben. Ein weiterer Vorteil einer Ledertasche besteht darin, dass sie den Fleischgeruch etwas besser isoliert. Stofftaschen riechen so verführerisch nach rohem Fleisch, dass die Katzen sehr abgelenkt wären.

Gemeinsame Sprache sprechen

Sie haben Zeit und sind sicher gespannt, ob Sie es schaffen, der Katze zu zeigen, was Sie von ihr wollen. Bis jetzt hat die Katze von sich aus, also aus eigenem Spieltrieb „gearbeitet“. Sie weiß nicht, dass sie auf Sie hören soll oder dass Sie etwas Bestimmtes von ihr wollen. Deshalb müssen Sie auf sich aufmerksam machen, damit die Katze Sie beachtet und Ihnen zuhört. Die Katze muss jetzt Ihre Sprache lernen, Ihren Worten eine Bedeutung zuordnen.

Ich wähle bei meiner Arbeit mit Tieren bewusst eine einfache Sprache aus einzelnen Worten, achte genau auf die Betonung und unterstütze das Gesagte durch eindeutige Körperbewegungen oder durch meine Körperhaltung. Auf Körperspannung reagieren sowohl Tiere als auch Menschen intensiv. Ich nenne diese Arbeitsmethode Energiearbeit und widme ihr ein eigenes Kapitel.

Aufmerksamkeit gewinnen

Wenn Sie mit einer älteren Katze, die schon lange bei Ihnen lebt, arbeiten wollen, brauchen Sie etwas mehr Geduld, um ihre Aufmerksamkeit zu gewinnen, vor allem dann, wenn Sie bisher wenig mit der Katze gespielt oder geredet haben. Stellen Sie sich vor, Sie befinden sich in einem fremden Land und Sie verstehen die Sprache dort nicht. Den ganzen Tag über wird viel geredet und Sie verstehen kein Wort. Irgendwann geben Sie es auf, alles verstehen zu wollen, und hängen Ihren eigenen Gedanken nach. Es kann sein, dass jemand mit Ihnen spricht und Sie bemerken es gar nicht. Erst wenn die Person konkret vor Ihnen steht, Sie ansieht und intensiv mit Ihnen spricht, werden Sie merken, dass Sie gemeint sind. Jetzt werden Sie versuchen, das Gesagte zu verstehen, um dann entsprechend zu handeln. In dieser ersten Übung lernt die Katze Ihre Sprache. Erst wenn sie Sie versteht, kann sie auch danach handeln.

Lieber kurz, dafür häufig

Die Zeit vergeht oft wie im Flug. Vor allem dann, wenn etwas Spaß macht. Achten Sie gut auf Ihre Katze, denn ihre Aufnahmefähigkeit hat Grenzen. Wenn Sie anfangen zu trainieren, ist das Tier höchstens fünf bis zehn Minuten konzentriert. In der Regel bedeutet alles, was länger dauert, nur noch Frust. Hören Sie auf, wenn etwas geklappt hat. Die letzte Erinnerung an das Training ist positiv und wird mit Freude und Lob verbunden. Mehrere kurze Trainingseinheiten am Tag sind viel konstruktiver als eine lange. Ist das Tier das Trainieren gewöhnt, kann die Trainingszeit verlängert werden, aber immer der Konzentrationsfähigkeit des Tieres angepasst. Lust auf (Süßes) Leckerbissen hat weder Mensch noch Tier ewig.

An die Box, und fertig, los!

Legen Sie ein Fleischstück in die Box ein weiteres nehmen Sie in die Hand, beziehungsweise zwischen Zeigefinger und Daumen. Zeigen Sie der Katze, dass Sie etwas Leckeres für sie in der Hand haben. Ihre Katze läuft bestimmt der Nase nach. Passen Sie auf Ihre Finger auf, denn in der Nähe der Nase sind auch schnell die Pfoten mit den Krallen. Sie müssen schneller sein! Die Katze sollte wenn möglich die Belohnung erst am Zielort oder nach getaner Arbeit

Nun versuche ich die Katzen in die Boxen zu locken. Ist die Box erhöht, hebe ich sie an die Box, sodass sie selbst hineingehen können.

erhalten. Ist die Katze schneller, darf man nicht mit ihr schimpfen. Letztendlich waren Sie als Tierlehrerin zu langsam. Lassen Sie sich nicht entmutigen und versuchen Sie es erneut.

In die Box lotsen

Führen Sie die Katze nun mithilfe des Fleischstückchens in die Box. Wenn die Gewöhnung an die Box gut war, dürften Sie keine Schwierigkeiten haben. Reden Sie mit der Katze, während Sie sie zu der Box lotsen. Nennen Sie die Katze beim Namen und erwähnen Sie immer wieder das Wort „Einsteigen" oder das Wort, das Sie für „Einsteigen" gewählt haben. Läuft die Katze in Richtung Box, ist ihr Handeln im Ansatz richtig, dürfen Sie sie mit einem „Braaaav" loben. Das Ziel ist aber erst in der Box erreicht. Achten Sie darauf, dass dieses „Braaaav" nicht Endbelohnung, sondern Motivation sein soll. Ist die Katze in der Box, bekommt sie das Fleisch zusammen mit freudigem „Braaaav, gut gemacht". Wenn es Ihre Katze mag, streicheln Sie sie, während sie frisst.

Zwiegespräch mit Momo

Als Beispiel ein Zwiegespräch mit meiner Katze namens Momo: „Momo, Momo, schau, was ich hier habe. Schau, ich habe einen Leckerbissen für dich. Schau, Momo, ja, braaave Momo. Komm, wir gehen in die Box, dort bekommst du das Fleischstückchen. Ja, komm, Momo, komm, einsteigen. Ja, so ist braaav. Nur noch ein kleines Stück, dann bekommst du deine Belohnung. Ja, so ist gut, braaav. Gut gemacht, jetzt einsteigen, Momo, komm, einsteigen, ja, so ist braav, noch ein bisschen ja, ja, ein bisschen noch. Braaaaaav, Momo, braaaaaaav. Jetzt hast du deinen Leckerbissen verdient, braaaaav, braaaaav."

Was nun passiert?

Jetzt geschehen viele Dinge gleichzeitig. Ihre Freude, dass es geklappt hat, überträgt sich auf die Katze. Sie freut sich auch, auch wenn sie vielleicht noch nicht begriffen hat, warum. Aber mit Sicherheit gefällt es ihr, denn sie bekommt Aufmerksamkeit, Streicheleinheiten und leckeres Fleisch, das sie sonst nie bekommt, und liebe Zuwendung. All diese Eindrücke manifestieren sich.

Noch weiß die Katze nicht, warum sie das alles bekommt. Dafür benötigt man zahlreiche Wiederholungen. Lassen Sie die Katze wieder allein. Nicht räumlich gesehen, Sie brauchen das Zimmer nicht zu verlassen. Aber lassen Sie sie emotional einen Augenblick allein. Dann versuchen Sie, die Katze wieder auf sich aufmerksam zu machen, und beginnen die Übung von Neuem. Spüren Sie, wenn die Katze nicht mehr mag, beenden Sie das Training, solange Sie sie noch loben können. Das Ende der Übung sollte auch das Ziel der Übung sein. Üben Sie lieber einmal weniger als einmal zu viel, bevor Sie in der Mitte abbrechen müssen und Frustration aufkommt, weil es nicht mehr klappt.

Eine Katzenbox auf Wanderschaft

Der richtige Zeitpunkt

Ihre Katze hat keine Angst mehr, in die Box zu gehen. Jetzt wird auch kein Fleisch mehr in die Box gelegt. Es genügt, wenn Sie die Belohnung zwischen den Fingern bereit halten. Sie reden immer noch viel mit ihr, loben und motivieren sie mit Ihrer Stimme, bis sie in der Box ist. Jetzt wird sich die Katze zum Ausgang drehen. Geben Sie ihr die Belohnung, solange sie noch in der Box ist, aber bereits nach draußen schaut. Wenn die Katze ruhig bleibt, keinen Stress zeigt, weil sie schnell hinauswill, ist es Zeit für den nächsten Schritt. Aber erst dann!

Fühlt sich die Katze noch unbehaglich, wenn sie in der Box ist, müssen Sie ihr unbedingt mehr Zeit lassen und ihr möglichst viele positive Erlebnisse mit der Box gönnen.

Tür zu

Im nächsten Schritt können Sie die Tür der Box schließen. Vergessen Sie nicht, ständig mit der Katze zu reden. Sagen Sie ihr, was Sie tun. Sie wird an Ihrer Stimme erkennen, dass nichts Schlimmes passiert. Sie haben keinen Grund, nervös zu sein, es steht schließlich kein Tierarztbesuch bevor, oder? Wenn die Tür zu ist, heben Sie die Box an und gehen mit ihr einige Schritte im Zimmer herum. Reden Sie auch jetzt mit der Katze, kommentieren Sie Ihr Tun.

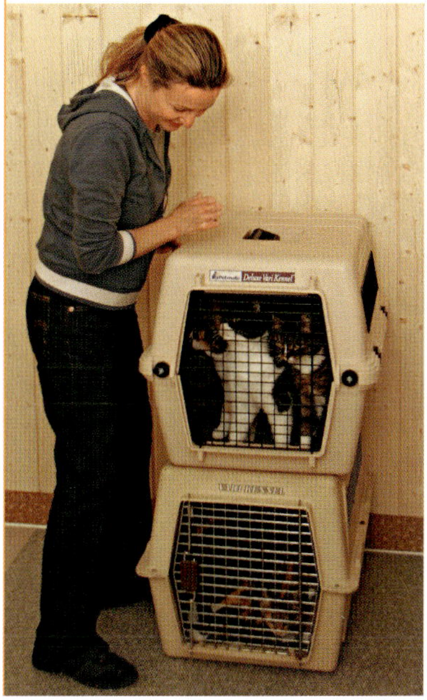

Jetzt stelle ich mich vor die Boxen, streichle die Katzen und schließe dabei die Türchen. Durch ruhige Worte spüren die Tiere, dass alles in Ordnung ist.

Ein „Braaaav, gut machst du es" oder „braaaave Momo" usw. wird Ihre Katze beruhigen. Sie verbindet den Wortlaut „braaaav" bereits mit etwas Positivem, Beruhigendem. Stellen Sie die Box wieder auf den alten Platz und lassen Sie die Katze hinaus. Das Ziel ist erreicht, wenn die Katze beim Aufmachen der Box noch stehen bleibt und ihre Streicheleinheiten in Empfang nehmen kann, bevor sie heraustrottet.

Eine Box auf Wanderschaft

Weiten Sie nun Ihre Wanderschaft mit der Transportbox aus. Gehen Sie in einen anderen Raum. Verlängern Sie gemächlich die Zeitspanne, in der die Katze in der Box ist. Trinken Sie eine Tasse Kaffee, während sich die Katze neben Ihnen in der Box befindet. Reden Sie mit ihr, wenn die Katze aufgeregt ist. Sagen Sie ihr, dass Sie sie gleich hinauslassen, wenn Sie Ihren Kaffee ausgetrunken haben, und dass sie „warten" muss. (Haben Sie bemerkt? Ein neues Wort. Auch dieses werden Sie später öfter brauchen.) Gehen Sie weiter. Nehmen Sie die Katze in der Box mit ins Freie. Setzen Sie sich gemütlich auf eine Bank in die Sonne, nehmen Sie die Box auf Ihre Knie und genießen Sie den Spaziergang mit Ihrer Katze. Anschließend darf es auch eine kleine Ausfahrt mit dem Auto geben. Geben Sie der Katze die Möglichkeit zu merken, dass das Autofahren keine Gefahr bedeutet. Ich hatte in beiden Katzengruppen immer eine Katze, die während der Fahrt miaute.
Es gibt ja auch Menschen, die mehr reden als andere, vor allem dann, wenn sie etwas aufgeregt sind.

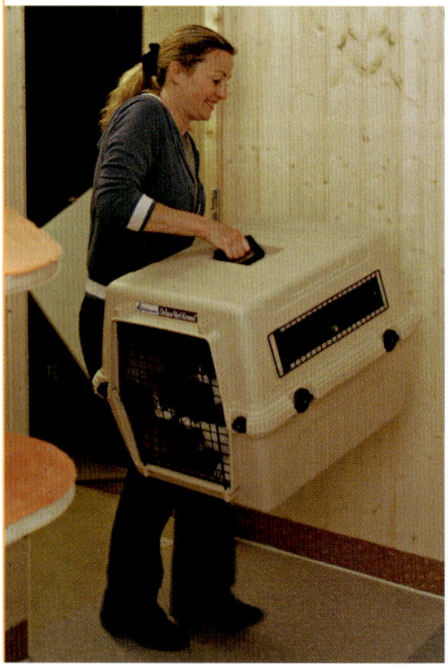

Zuerst trage ich die Boxen ein paar Schritte durch das Zimmer, aber bald schon kann ich unsere Spaziergänge ausdehnen.

Mehrere Katzen in einer Box

Wenn meine Katzen und ich einen Auftritt haben, findet der Transport immer in zwei Boxen statt. Da bei fünf oder sechs Katzen in so engem Raum (zwei bis drei in einer Box) Unstimmigkeiten vorkommen können, achte ich darauf, welche Katzen oft zusammen sind oder beieinander schlafen. Ich weiß durch das Beobachten der Tiere, welche sich besser vertragen. Außerdem ist es wichtig, dass die Leitkatze als Letzte in die Box darf. Lasse ich sie zuerst hinein, verteidigt sie ihren Platz und lässt keine andere Katze dazu.

Verschiedene Kommandos

Unterhaltung mit Katzen
Ich rede ständig mit meinen Katzen, wenn ich bei ihnen bin. Ein Zuhörer würde denken, dass sich noch eine andere Person im Zimmer befindet, wenn ich das Katzenzimmer sauber mache. Ich erzähle ihnen von meinem Tag oder reagiere auf das, was ich vorfinde. Würde ich meine Arbeit schweigend verrichten, wären meine Gedanken schnell einmal woanders und nicht mehr bei ihnen. Katzen verstehen und lernen jedoch über Emotionen. Deshalb ist es wichtig, viel mit ihnen zu reden. Der Klang meiner Stimme wird ihnen vertraut.

Ausgesuchte Kommandos
Anders als beim Putzen, wo ich einfach munter drauflosplappere, wähle ich meine Worte während der Arbeit mit ihnen sorgfältig aus. Es gibt Aktionen, bei denen ich immer dieselben Worte benutze. Ein Beispiel haben Sie bereits kennengelernt. Immer wenn ich will, dass die Katze in die Box hineingeht, sage ich das Wort „Einsteigen". Diese Worte, die für eine bestimmte Aktion verwendet werden, nennt man in der Dressurarbeit Kommandos.
Hier einige Beispiele für Kommandos, die ich für die Katzen benutze:

- Ich sage immer „Einsteigen", wenn die Katzen irgendwo hineingehen sollen.
- „Auf" ist mein Signal für hinaufklettern oder hinaufspringen.
- „Hoch" gilt für die Tricks, bei denen nur die Vorderbeine nach oben müssen.
- „Ab" bedeutet runter.
- „Hopp" ist das Zeichen oder das Kommando für den Sprung.
- „Laufen" benutze ich als Motivation, um vorwärts- oder weiterzugehen.
- „Warten" sage ich zu der Katze, wenn sie etwas zu schnell machen will.
- Das wichtigste Wort jedoch heißt „Braaaav" oder „Gut so, braaaav". Dabei liegt die Betonung auf dem a. Währenddessen soll die Katze intensiv mit Streicheleinheiten belohnt werden.

Laika ist meine Kopfmasseurin mit Spezialgebiet Akupunktur der Kopfhaut und dem Schulterbereich. Es tut mir leid, sie nimmt keine neuen Kunden.

Das Schmusen tut nicht nur den Katzen gut. In diesen Momenten wird mir bewusst, dass ich den schönsten Beruf der Welt gewählt habe.

Kurz und prägnant

Kommandos sollten kurz sein. Am besten beschreibt dieses Wort in etwa die Aktion, die die Katze machen soll. Das macht es für den Tierlehrer leichter. Es ist hilfreich, wenn Sie während der Übung nicht lange nach dem passenden Wort suchen müssen, das Sie als Kommando verwenden wollten. Den Tieren ist es gleichgültig, welches Wort Sie für die Aktion wählen. Sie könnten auch „Auf", für Herunterkommen verwenden oder irgendein Wort erfinden. Allerdings macht es die Sache für Sie komplizierter, denn während der Ausführung eines Tricks sollte der Tierlehrer nur handeln, spüren und reagieren müssen, nicht aber denken. Verschieben Sie Ihre Überlegungen auf den Zeitraum vor Beginn des Tricks und danach, jedoch nicht in der Zeit, in der Sie mit der Katze trainieren.

Vielleicht fällt es Ihnen leichter, das Kommando in einer anderen Sprache zu geben. Dann tun Sie das.

Mir geht es leichter von der Zunge, „Down" zu sagen, wenn ich möchte, dass sich zum Beispiel ein Lama hinlegt. „Liiiegen" oder „Leg dich hin" kommt nicht so leicht über die Lippen.

Emotionen vermitteln

Kommandos sind letztendlich ein Hilfsmittel für den Tierlehrer. Das Wort an sich hat nur eine geringe Bedeutung. Das Einzige, was zählt, ist, dass Sie Emotionen mit dem Wort vermitteln. Wenn Sie zum Beispiel das Kommando „Hoch" geben, wird Ihre ganze Körperhaltung nach oben zeigen. Sie werden sich letztendlich dabei ertappen, wie Sie auf Zehenspitzen stehen, wenn Sie versuchen, der Katze „Hoch" zu vermitteln.

Probieren Sie es aus!
Machen Sie einen Test. Denken Sie sich eine Frage aus, die ein klares NEIN verlangt. Beantworten Sie die Frage rasch, laut und deutlich. Versuchen Sie dabei, während Sie klar und deutlich NEIN sagen, mit dem Kopf zu nicken. Es ist anstrengend und erfordert viel Konzentration, denn das Wort NEIN steht in Verbindung mit dem Kopfschütteln.
Haben Sie geübt und Sie finden, dass es gar nicht so schwer ist zu nicken, während Sie NEIN sagen? Dann setzen Sie Ihr Experiment fort. Suchen Sie sich einen Mitspieler. Dieser soll Ihnen nun eine Frage stellen, die ein klares JA oder NEIN erfordert. Leichte Fragen wie: „Ist diese Tasse blau?" verlangen ein klares JA oder NEIN als Antwort. Antworten Sie zügig, ohne lang zu überlegen. Dabei nicken Sie weiterhin, während Sie laut und deutlich NEIN sagen, oder schütteln den Kopf, während Sie klar und deutlich JA rufen. Sie werden viel Spaß bei der Übung haben.

Mit erhöhtem Schwierigkeitsgrad
Nun folgt die Profivariante des Spiels! Die Regeln sind die gleichen: Eine eindeutige Frage, eine klare JA-/NEIN-Antwort mit gegenteiliger Kopfbewegung. Ihr Mitspieler hat nun eine zusätzliche Aufgabe. Während er die Frage stellt, soll er vor Ihnen stehen und seine zur Faust geballte Hand seitlich auf Augenhöhe halten. In dem Moment, in dem Sie antworten, soll er für eine Sekunde eine beliebige Anzahl Finger in die Luft halten, bevor er die Hand wieder zur Faust ballt.
Ferner kontrolliert er, ob Sie tatsächlich beim NEIN-Sagen genickt oder beim JA-Sagen den Kopf geschüttelt haben. Danach fragt er Sie, wie viele Finger Sie gesehen haben. Haben Sie es gewusst? Wenn ja, gratuliere ich Ihnen!

Mit übereinstimmenden Gesten
Dieses Spiel ist anstrengend, nicht wahr? Keines, das man stundenlang spielen kann, oder? Daher empfehle ich den Tierlehrern, Worte für die Kommandos zu verwenden, die auch der Handlung entsprechen. Wenn Sie jetzt dieselbe Übung mit Ihrem Mitspieler noch einmal durchführen, nun aber beim JA-Sagen nicken oder beim NEIN-Sagen den Kopf schütteln, werden Sie ohne große Mühe die Anzahl der Finger nennen können, die dieser in die Höhe gehalten hat. Diese Variante des Spiels könnten Sie stundenlang spielen, da es überhaupt nicht anstrengend ist, es wird höchstens langweilig.

Ich musste lernen, die Kommandos zu fühlen, denn die Katzen lernen die Worte über Emotionen.

Emotionen transportieren

Den wichtigsten Aspekt dieser Übung haben wir noch nicht betrachtet. Es sind die Emotionen, die in den Worten stecken. Und es sind die Emotionen, auf die die Tiere reagieren. Es sind die Emotionen, durch die die Tiere einem Wort eine Bedeutung zuordnen. Nehmen wir noch einmal das Kommando „Hoch" als Beispiel. Wenn Sie als Tierlehrer „Hoch" sagen, kennen Sie nicht nur das Wort, sondern auch dessen Bedeutung. Sie verbinden verschiedene Gefühle mit diesem Wort. Sie wissen, wie sich „Hoch" anfühlt. Sie wissen, wie es ist, wenn man sich streckt, um etwas herunterzuholen, wie das ganze Körpergewicht auf die Zehenspitzen verlagert wird und wie sich die Fingerkuppen möglichst weit nach oben tasten. Sie kennen auch die Angst, das Gleichgewicht zu verlieren, da man auf Zehenspitzen nicht so sicher steht. Das alles steckt in diesem kleinen, einfachen Wort „Hoch". Diese ganzen Gefühle sind in dem Wort „Hoch" gebündelt, das ist seine ENERGIE. Und es ist diese Energie, die die Katze versteht.

Die wichtigsten Kommandos

Die beiden wichtigsten Kommandos sind „Braaaaav" und „NEIN". Erkennen Sie die Emotionen, die Energie dieser beiden Worte? Das NEIN ist klar, deutlich, spitz und kurz. Es beinhaltet stoppen, anhalten. Es fühlt sich kalt an, abweisend, hart. Es strahlt Anspannung und Abweisung aus. Dieses Wort ist negativ und es verunsichert. Es ist ein deutliches Zeichen, etwas nicht zu tun. Dieses Wort oder besser die Energie dieses Wortes ist unglaublich mächtig. Richtig eingesetzt ist es eine große Hilfe, falsch genutzt kann es aber auch der Sache schaden und statt Freude an der Arbeit nur Verunsicherung oder sogar Angst vermitteln. Das Kommando „Braaaaav" ist der

Gegenpol. Dieses Wort ist weich, verschwommen, wohlig. Es beinhaltet Stolz, Freude und Lob. Es fühlt sich warm, geschmeidig, seidig, kuschelig an und es vermittelt Anerkennung, Entspannung, Offenheit und Liebe. Dazu kommen die körperlichen Anzeichen wie Gestreicheltwerden, die die durchweg positiven Emotionen dieses Wortes oder, besser, dieser Energie noch unterstützen. Die positive Energie ist die mächtigste aller Energien. Diese Energie ist der Samen für Vertrauen. Richtig eingesetzt ist es das Fundament, auf das alles erbaut werden kann. Der Missbrauch dieser Energie ist zerstörerischer als jede andere Energie auf dieser Welt und macht letztendlich die ganze Arbeit, den ganzen Aufbau zunichte.

Informationen und Emotionen

Später in diesem Buch, wenn es um die Vorgehensweise geht, wie ich den Katzen die Tricks beibringe, rede ich oft von Energiearbeit. Energiearbeit bedeutet nichts anderes als das Ausnutzen der Emotionen und der Bedeutung, die in einem Wort oder Kommando verborgen sind.
Ich möchte nun die Energie, also die Emotionen und das Wissen der oben erwähnten Kommandos erforschen. Es ist mein Wissen und es sind meine Emotionen, die beschrieben werden. Denn es ist meine Energie, die dem Kommando die Bedeutung vermitteln wird.

INFO

Wort oder Kommando	*Wissen*	*Emotionen*
„Einsteigen"	*Ortswechsel, Neuland, Veränderung*	*Sich sicher fühlen, vertrauen, Freude, Erwartung*
„Auf"	*Höhe, Luft, Ausblick, Kraft, Weite*	*Freude, Stärke, Freiheit, Größe*
„Hoch"	*Abenteuer, Vertrauen, Kraft, Stärke*	*Ziehen, strecken, ausprobieren, entdecken*
„Ab"	*Sicherheit, zurückkehren, beenden*	*Erfüllung, Stolz, Freude, Erregung*
„Hopp"	*Sprung, Kraft, Energie, Schwung, Fliegen, Landen*	*Schwerelos sein, Vertrauen, kraftvoll sein, Spannung, loslassen, Stärke*
„Laufen"	*Fortbewegung, weitermachen, vorwärtsgehen, nach vorn schauen, zielorientiert*	*Bewegung, im Fluss sein, rollen*
„Warten"	*Geduld, Entspannung, verweilen, anhalten, warten, stehen bleiben*	*Geduldig sein, abwarten, versuchen sich zu entspannen*
„Drehen"	*Kreis, Tanz, Wirbel, Bewegung, zurückkehren*	*Kreisen, wirbeln, wenden, umkehren*

Gegensätzliche Gefühle

Sie werden unbewusst die Worte mit Wissen und Emotionen füllen, die zum Ziel Ihrer Aktion führen werden. Wenn Sie zum Beispiel möchten, dass Ihre Katze wartet, beinhaltet das Wort „Warten“ geduldig sein, sich entspannen und abwarten. Wenn Sie das Wort „Warten“ in einem anderen Zusammenhang gebrauchen, kann es durchaus sein, dass Sie es mit gegenteiligen Emotionen definieren. Wenn Sie zum Beispiel beschreiben, wie Sie sich fühlen, wenn Sie selbst warten müssen. Dann kommen vielleicht Worte wie, Ungeduld, Gereiztheit, Anspannung usw. auf die Liste. Bei uns Menschen können deshalb schnell Missverständnisse entstehen. Worte sind mit Emotionen und Informationen gefüllt und prallen auf den Gesprächspartner, der ebenfalls eigenes Wissen und eigene Emotionen mit dem Wort verbindet. Der Zuhörer muss bereit sein, nur zu empfangen, damit er die Botschaft vollständig verstehen kann. Füllt er das Gehörte mit eigenen Erfahrungen und Emotionen, entstehen schnell Missverständnisse. Das Wunderbare bei Tieren ist, dass sie bereit sind, vorbehaltlos zu empfangen. Sie spüren, dass mit „Warten“ anhalten, geduldig sein und sich entspannen gemeint ist, und das ist das, was Sie ihnen vermitteln möchten.
Versuchen Sie, die Energie Ihrer Kommandos zu entschlüsseln, entdecken Sie den Inhalt und die Aussage Ihrer Worte. Wenn Sie „Hoch“ sagen und in dieses Wort alles hineingeben, was es für Sie bedeutet, braucht man keine weitere Erklärung für die Katze. Sie wird Sie verstehen und versuchen, Ihre gestellte Aufgabe zu erfüllen.

Die beste Trainingszeit

Ziele setzen
Überlegen Sie sich, was Sie machen möchten, bevor Sie anfangen, mit Ihrer Katze zu üben. Legen Sie die Sachen in Reichweite. Es gibt Tage, da läuft alles wie am Schnürchen. Sie und Ihre Katze übertreffen sich selbst, haben Lust und den Mut, Neues auszuprobieren. Wenn die Katze einmal verstanden hat, worum es beim „Arbeiten“ geht, ist sie sehr gelehrig. Es macht ihr Spaß, und zudem gibt es Streicheleinheiten und Belohnungen.

Für Abwechslung sorgen
Bleiben Sie nicht allzu lange bei einem Trick. Das Training sollte abwechslungsreich sein. Hören Sie auf, bevor Ihre Katze nicht mehr mag oder Ihnen die Geduld ausgeht. Man braucht ein gutes Bauchgefühl, um zu spüren, wann genug ist oder ob noch eine Wiederholung nötig ist.

Der Reihe nach

Betrachten wir unsere vier Tricks: das Springen von A nach B, das Stablaufen, das „Hoch“-Machen und die Säule hochklettern. Wenn alle Requisiten bereit sind, können Sie sie nach

Bedarf einsetzen. Wählen Sie eine Reihenfolge, die Sie von nun an beibehalten. Das ist nicht zwingend, aber es vereinfacht Ihre Arbeit. Wenn Sie den Ablauf immer gleich machen, enwickelt sich eine Routine. Ihre Handgriffe sitzen und Sie brauchen nicht zu überlegen, was Sie als Nächstes machen wollen. Sie können Ihre ganze Aufmerksamkeit dem Tier schenken. Wenn Ihre Aufmerksamkeit nicht bei der Katze ist, „arbeitet" sie selbstständig. Dass dies jedoch Ihrem Plan oder Ihrer Reihenfolge entspricht, ist eher unwahrscheinlich.

Wie fühlen Sie sich?
Bevor Sie mit dem Training anfangen, überprüfen Sie Ihre emotionale Befindlichkeit. Fühlen Sie sich ruhig? Haben Sie Zeit? Beschäftigt Sie etwas? Wenn Sie während des Trainings immer daran denken müssen, dass Sie noch die Kinder von der Schule abholen müssen, oder überlegen, wann die nächste Sitzung stattfindet, sind die Trainingsbedingungen nicht optimal. Das Training wird anstrengend, denn die Katze wird Ihre Unaufmerksamkeit spüren und ausnutzen. Das Resultat ist Frust statt Lust.

Katzenlaunen

Es kann auch sein, dass Ihre Katze keine Lust hat. Das sollte eine Herausforderung für Sie sein. Man braucht viel Geduld, wenn die Katze rollig ist und deshalb nicht in Übungslaune kommt. Auch einen Wetterwechsel kann das Tier unruhiger machen. Bedenken Sie, dass Katzen eher dämmerungsaktive Tiere sind. Am Abend wird das Training sicher lebendiger sein als am Morgen oder um die Mittagszeit. Ein spritziges Training kann man bei sehr warmem Wetter nicht erwarten. Beobachten Sie Ihr Tier, es hat Spielzeiten, in denen es von sich aus aktiv ist. Nutzen Sie sie nach Möglichkeit, das ist die produktivste Zeit.

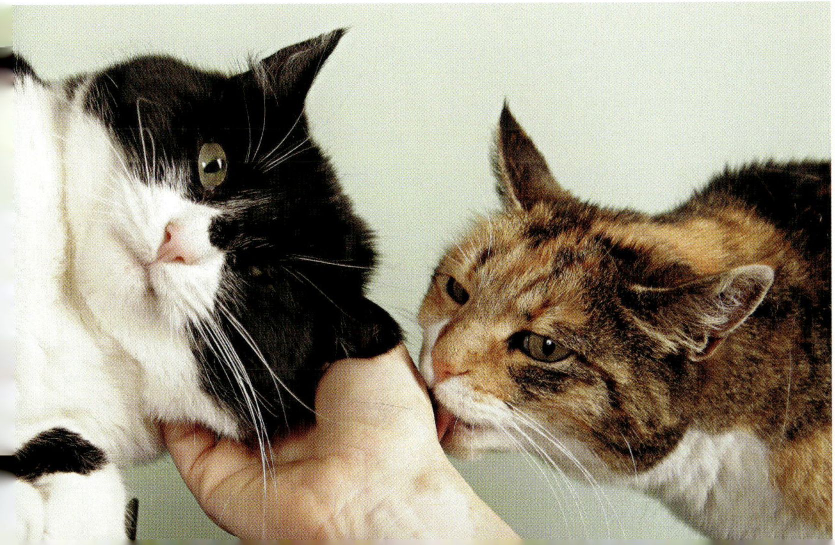

Da soll sich mal einer auf die Arbeit konzentrieren. Ich jedenfalls muss innehalten, lächeln und mein Glück genießen.

Die Tricks

Aus fast allen Hauskatzen können mit etwas Geduld und Spucke zuverlässige Artisten werden, die gekonnt die gelernten Tricks vorführen. Der Applaus ist ihnen sicher!

Platzfest auf den Sitzpodesten

Wenn Sie mit einer Katze arbeiten, ist das Platzfestmachen nicht so bedeutend wie bei der gleichzeitigen Arbeit mit mehreren Katzen. Die Arbeitstechnik, um das Platzfestwerden zu erreichen, hilft jedoch auch beim Einstudieren der anderen Tricks. Es vereinfacht das Handeln in Situationen, in welchen die Katze keine Lust mehr hat, oder wenn sie testet, wer von Ihnen beiden die „Tierlehrerin" ist.

Plätze in luftiger Höhe

Jede meiner Katzen hat ihren eigenen Platz. Mein Ziel war es, dass die Tiere nie auf den Boden springen. Das ist an fremden Orten eine Sicherheit für mich. Die Katzen sollen sich auf den Requisiten wohlfühlen, dann spielt die Umgebung eher eine untergeordnete Rolle. Die gesamte Arbeit findet somit in der Höhe statt.

Nehmen Sie nun Ihre Katze aus der Box und setzen Sie sie auf ihren Platz. Die Katze wird ihr kleines Revier beschnuppern und betrachten, sich drehen und wenden. Bald schon will sie hinunter. Sie ist es nicht gewohnt, so lange auf einem so kleinen Platz zu bleiben.

Beobachten und ablenken

Beobachten Sie das Tier genau. Streicheln Sie es ab und zu und reden Sie mit ihm. Ihre Stimme ist lieb, Ihr Streicheln intensiv. Lassen Sie die Katze wieder allein, aber beobachten Sie sie weiterhin genau. Die Katze wird sich damit beschäftigen, einen Weg vom Hocker zu finden. Wenn Sie das bemerken, lenken Sie sie ab, reden Sie mit ihr, streicheln Sie sie. Wiederholen Sie diesen Vorgang drei-, viermal. Spüren Sie, ob die Katze noch mag. Ansonsten beenden Sie die Übung und trainieren ein bis zwei Stunden später nochmals.

Der schwierigste Trick in meiner Nummer fällt niemandem auf. Alle bleiben auf ihren Podesten sitzen.

Ein klares, scharfes NEIN bekommt Laika zu hören, wenn sie ihren Platz unaufgefordert verlassen will.

Auf dem Platz, da ist es lustig
Bis jetzt hat die Katze gelernt, dass ihr auf ihrem Platz nichts geschieht, im Gegenteil. Hier wird sie gestreichelt, hier wird intensiv mit ihr geredet. Sie weiß noch nicht, dass sie nicht hinunterdarf, da sie immer abgelenkt wurde, bevor sie wirklich wegwollte und konnte. Warten Sie jetzt mit dem Ablenken etwas länger. Die Katze soll nach Möglichkeit einen Versuch starten, von ihrem Platz zu springen.
Wenn sie zum Sprung ansetzt, sagen Sie ein scharfes, lautes, klares „NEIN". Die Katze wird so erstaunt sein, dass sie für einen Moment ihr Vorhaben, auf den Boden zu springen, vergisst. In diesem Augenblick loben Sie sie. Ein intensives „Braaav! Gut gemacht. Schön am Platz bleiben. Braaav!" ist jetzt wichtig. Die Streicheleinheit sollte weniger intensiv als das verbale Lob sein. Wiederholen Sie auch diese Übung.

Ich zeige Laika, dass es schön auf ihrem Podest ist. Hier soll sie sich wohl und sicher fühlen.

„NEIN"

Jetzt hat die Katze etwas Entscheidendes gelernt. Das Wort „NEIN". Es bedeutet innehalten, aufhören. Es ist möglich, dass Ihr „NEIN"-Kommando zu spät gekommen und die Katze bereits auf den Boden gesprungen ist. Das ist in der Anfangsphase nicht so schlimm. Heben Sie die Katze ruhig und ohne Aufregung hoch und setzen Sie sie kommentarlos auf ihren Platz. Bedenken Sie: Wenn die Katze auf den Boden springen konnte, waren Sie als Tierlehrerin entweder zu langsam oder nicht deutlich genug. Es liegt an Ihnen, diesen „Fehler" nicht mehr zu machen. Die Katze ist deshalb unschuldig. Es gibt also keinen Grund, mit ihr zu schimpfen. Wichtig ist jedoch, dass die Katze so schnell wie möglich wieder auf ihrem Platz ist. Um zu begreifen, dass sie nicht auf den Boden darf, muss sie sofort hochgehoben werden.
Mit diesen Übungen haben Sie bereits mit Energiearbeit begonnen, dem wichtigsten Arbeitsinstrument des Tierlehrers.

Energiearbeit

Die Energiearbeit ist für mich die schönste Art, um mit Tieren zu arbeiten. Wer diese Technik beherrscht, braucht nicht an einem Halsband zu ziehen, nicht mit Körperkraft zu drücken oder zu heben. Man benötigt auch nicht immer eine Belohnung in der Hand, der die Tiere einfach nachlaufen. Mit dieser Körpersprache entsteht ein Geben und ein Nehmen, es ist ein Zusammenspiel von gleichwertigen Partnern, ein achtsames Aufeinandereingehen. So macht es Spaß zu arbeiten, und es ist für den Zuschauer eine Freude zuzusehen.

Energiearbeit im Alltag
Verschiedene Arten der Energiearbeit werden im Alltag verwendet:

1. Zum Beispiel im Sport, nehmen wir ein Fußballspiel. Unsere favorisierte Mannschaft ist im Ballbesitz. Schöne Passfolgen in Richtung gegnerisches Tor lassen uns die Daumen drücken. Die Flanke zum Tor reißt uns von den Sitzen. Unsere ganze Aufmerksamkeit ist auf den letzten Ballwechsel konzentriert. Wir haben kaum Zeit zu atmen, halten die Luft an. Gibt es ein Tor, lassen wir der Energie freien Lauf durch unseren Jubelschrei. Gibt es kein Tor, lassen wir die angestaute Luft zischend hinaus. Die Anspannung ist gewichen. Bei solchen Gelegenheiten haben wir viel Spielraum für unsere Energie.

2. Verhaltener müssen wir mit unserer Energie umgehen, wenn ein Kind zum Beispiel einen großen Turm mit Bauklötzchen aufgebaut hat. Jetzt sitzen wir daneben, und mit zittrigen Händen versucht es, das letzte Klötzchen auf das wackelige Bauwerk zu setzen. Die Spannung steigt, denn mit diesem Klotz steht oder fällt der ganze Turm, herrscht Freude oder Traurigkeit, Stolz oder Enttäuschung. Wir setzen all unsere Energie in diese Tätigkeit. Unsere ganze Konzentration wird gebündelt und fließt zu dem Kind. Keiner steht vom Sofa auf, hüpft daumendrückend herum und ruft Hopp, hopp, hopp!

3. Probieren Sie die Energiearbeit doch einmal bei einem Ihrer Freunde aus. Wenn es sich ergibt, dass Sie mit jemandem reden, der Ihnen viel zu erzählen hat, hören Sie ihm aufmerksam zu. Versuchen Sie, sich voll auf die Person zu konzentrieren und auf das, was sie sagt. Anschließend suchen Sie einen Punkt auf dem Boden oder in der Luft und bleiben dort mit Ihren Augen hängen. Sie richten jetzt Ihre volle Aufmerksamkeit auf diesen Punkt. Stellen Sie sich vor, dass dort etwas sehr Interessantes geschieht. Binnen weniger Sekunden wird Ihr Gesprächspartner irritiert aufhören zu reden. Seine Aufmerksamkeit wird ebenfalls auf diesen Punkt gezogen, den Sie intensiv anschauen.

Energien bündeln

Diesen drei Beispielen ist eines gemeinsam: Die ganze Energie ist auf einen Punkt, einen Moment gerichtet. Der Unterschied besteht in der Stärke oder Heftigkeit der äußerlichen Bewegungen, nicht aber in der Intensität der Spannung. Energiearbeit funktioniert nur, wenn auch Energie hineingegeben wird. Ohne intensive Spannung ist ein noch so spektakuläres Fußballspiel langweilig. Das Risiko, dass der schon so hohe Turm in sich zusammenfällt, wenn das letzte Klötzchen aufgesetzt wird, wäre ohne Spannung zu groß. Und auch der Gesprächspartner würde weitererzählen, wäre nicht Ihr ganzer Fokus intensiv auf einen anderen Punkt fixiert.

Aufmerksamkeit auf sich lenken

Macht Ihnen die Energiearbeit Spaß? Dann habe ich noch eine knifflige Aufgabe für Sie.
Zwei Menschen sind in ein Gespräch vertieft. Sie stellen sich dazu und hören zu, sodass das Gespräch seinen Lauf nehmen kann. Sie geben also absolut keine Energie in die Situation und sind vollkommen entspannt. Sie bestimmen den Zeitpunkt, an dem Sie einem der beiden etwas ganz Wichtiges sagen wollen. Versuchen Sie, mit möglichst wenig äußeren Bewegungen und ohne Geräusche von sich zu geben, die Aufmerksamkeit der Person auf sich zu lenken, der Sie die Mitteilung machen möchten. Sie werden Erfolg haben, wenn Sie Ihre ganze Aufmerksamkeit auf Ihr Ziel ausrichten, ohne sich durch etwas ablenken zu lassen.

Kinder sind wahre Meister

Kinder sind übrigens Meister in der Energietechnik. Bestimmt haben Sie beobachtet oder selbst erlebt, wie Kinder hartnäckig neben der in ein Gespräch vertieften Mutter stehen und ausdauernd „Du, Mami, Duhu, Mami, Maaami, Maaaaaamiiiiii!" rufen. Zuerst lieb und leise, dann laut und äußerst quengelig. In der Regel erreichen sie ihr Ziel. Die Mutter kommt nicht drum herum, nach dem Kind zu sehen, denn die Kinder stecken all ihre Energie in dieses „Maaamiiii! Interessant ist, dass es sehr anstrengend ist, sich gegen eine so geballte Energie zu wehren.

Ganze oder halbe Kraft

Energiearbeit richtig angewendet bietet eine große Auswahl an Handlungsmöglichkeiten. Die Sprache ist, wie Sie es beim Kapitel über die Kommandos kennengelernt haben, eine der wichtigsten Formen der Energiearbeit. Hier ein weiteres Beispiel, um dieses wichtige Thema nochmals zu vertiefen. Genau wie ein Baby lernt auch das Tier unsere Sprache über Emotionen kennen. Ein scharfes „NEIN" löst eine andere Reaktion aus als ein liebevolles „Braaaav". Das liegt aber nicht am Wort selbst, Sie könnten die Wörter auch vertauschen. Die Reaktion erfolgt auf die Energie, die dem Wort mitgegeben wird.

Ein kleines Beispiel aus dem Alltag: Ein Kind hat neue Hosen bekommen. Als es nach Hause kommt, sind diese kaputt und schmutzig. „Zum Donnerwetter, schau dir die neue Hose an! Keinen Tag alt und schon kaputt!" Die Mutter ist wütend und legt ihren ganzen Ärger in diese Worte. Das Kind muss eine regelrechte Energielawine über sich ergehen lassen. Dieselben Worte von derselben Mutter könnten aber auch eine andere Wirkung haben. Wenn die Mutter nämlich im Grunde weiß, dass sie es hätte besser wissen müssen. Kinder, die spielen, haben schnell vergessen, ob sie neue oder alte Hosen anhaben. Es wäre ihre Aufgabe gewesen, dem Kind die Hosen zu wechseln, bevor sie es nach draußen ließ. Somit ist die Energie, die auf das Kind zukommt, nur halb so intensiv. Im ersten Fall würde es mit Sicherheit weinen oder ängstlich abwarten, was geschieht. Im zweiten Beispiel würde es entschuldigend zu Boden blicken, um dann schnell durch munteres Erzählen seiner Abenteuer der Mutter ein Lächeln abzugewinnen.

Wohldosierte Gefühle

Beobachten Sie sich gut, vor allem, wenn Sie verärgert sind. Sie müssen immer „die Mutter" sein, die es im Grunde besser weiß. Die Tiere werden versuchen, Lücken zu finden, sie werden Sie testen, aber sie tun es nie böswillig. Hören Sie auf zu trainieren, wenn Sie wütend auf die Katze sind. Die Energie, die Sie ausstrahlen, wäre überaus destruktiv. Das Resultat ist Angst, und das darf nie geschehen!

Tiere sind die besten Lehrer

Wählen Sie bei der Arbeit mit Ihrer Katze einfache klare Worte, die Ihnen leicht über die Lippen kommen und über die Sie nicht nachdenken müssen. Es sind die Emotionen, die die Worte füllen, und auf diese reagieren die Tiere. Durch das Training mit Tieren können Sie Ihr emotionales Handeln besser kennenlernen und kontrollieren. Sie lernen zu spüren, wie Sie handeln müssen, und werden nach Ihrem Gefühl handeln können. Die Tiere machen es einem leichter zu lernen, denn sie verlangen keine Rechtfertigung, sie sind toleranter und geben einem immer wieder eine neue Chance, es besser oder anders zu versuchen. Sie sind nicht nachtragend und verzeihen Fehler, die nicht mit böser Absicht begangen wurden. Mit Tieren zu arbeiten hilft Ihnen letztendlich sogar, mit Menschen besser zurechtzukommen.

Freude, Spaß und der Stolz auf meine Tiere begleiten mich durch mein Berufsleben. Enttäuschung oder gar Wut sind mir fremd bei der Arbeit.

Die Gedanken der Katze lesen lernen

Was hat ein Fußballspiel mit Tierdressur zu tun? Das Fußballspiel an sich nichts, nur unsere emotionalen Reaktionen auf bestimmte Situationen innerhalb des Spiels sind ähnlich. So viel Energie aufzubauen, dass wir vom Sofa aufspringen, ist bei Katzen nicht nötig. Das entspricht eher der Energie, die ein Schottisches Hochlandrind braucht, um sich an Ort und Stelle einmal im Kreis zu drehen. Für die Katzen brauchen wir die Energie des Bauklötzchenbauens. Unsere Gestik verhält sich eher in kleineren Bewegungen.

Energiearbeit bei Katzen

Gehen wir zurück zu der Katze auf dem Podest. Sie war soeben auf den Boden gesprungen, Sie haben sie ruhig und bestimmt auf ihr Podest gesetzt und streicheln sie, lenken sie mit liebevollem Reden ab. Ihre Energie, Ihre Aufmerksamkeit ist also voll und ganz bei der Katze. Treten Sie nun einen Schritt von der Katze und dem Podest zurück. Sagen Sie ihr dabei, dass sie sitzen bleiben muss und behalten Sie Ihre Spannung. Dabei benutze ich das Wort „Warten". Beobachten Sie die Katze genau, ohne mit ihr zu reden. Wenn Sie genug Energie aufgebaut haben, also genug Spannung haben, wird die Katze Sie ansehen. Entspannen Sie sich langsam. Ihre Gedanken befehlen der Katze, immer noch sitzen zu bleiben und zu warten. Beobachten Sie sie. Entspannt sich die Katze auch? Schaut sie sich um oder bewegt sie sich etwas? Lassen Sie sie. Sobald Sie jedoch sehen, dass die Katze ans Hinunterspringen denkt, bauen Sie sofort Ihre Spannung wieder auf. Genügt das nicht, will die Katze noch immer hinunter, folgt ein klares: „NEIN, warten!", und wenn nötig gehen Sie energisch, das heißt energiegeladen, wieder einen Schritt auf das Podest zu. Die Katze wird Ihnen wieder ihre ganze Aufmerksamkeit schenken und ihr Vorhaben, hinunterzuspringen, für einen Moment vergessen.

Allzeit bereit

Das Ziel ist erreicht, wenn Sie sich vollständig entspannen können und Ihre Aufmerksamkeit nicht mehr so gebündelt auf die Katze gerichtet ist. Wenn Sie zum Beispiel auf die andere Seite sehen oder gar etwas herumlaufen können, während die Katze ihrerseits entspannt auf ihrem Hocker sitzt, sich eventuell

Die Katzen fühlen sich so wohl auf ihren Podesten, dass die Umgebung keine Rolle spielt.

sogar putzt oder sich hinlegt. Seien Sie jedoch immer bereit, denn Ihrer Katze kann es jederzeit wieder einfallen, dass sie auf den Boden springen möchte und auch könnte!

Warum platzfest nützlich ist

Ich versichere Ihnen, das Platzfestmachen ist der allerschwierigste Trick. Betrachten Sie es als die größte Herausforderung und seien Sie auch geduldig mit sich selbst. Lassen Sie sich Zeit und üben Sie auch die Tricks, die Ihnen beiden Spaß machen. Für meine Arbeit ist das Platzfestsein der Tiere eine Grundvoraussetzung, um überhaupt Auftritte absolvieren zu können. Wenn keine öffentlichen Auftritte geplant sind, ist dieser Trick nicht zwingend nötig. Beim Arbeiten mit einer Katze kommt das Platzfestsein nicht so stark zum Tragen. Die Katze muss ja nie lange auf ihrem Platz warten, bis sie wieder arbeiten kann. Und doch brauchen Sie vielleicht einmal einen Moment Zeit, um für einen neuen Trick die Requisiten umzubauen. Um diese Zeit zu überbrücken, wäre es schön, wenn die Katze einfach warten würde, bis Sie mit dem Umbau fertig sind. Deshalb wollte ich Ihnen diese Technik aufschlüsseln, auch weil sie bei anderen „dummen Angewohnheiten“, wie An-den-Vorhang-Springen oder die Tapete-von-den-Wänden-Kratzen, helfen kann, es den Tieren abzugewöhnen.

Man braucht Geduld und viel Geschick, der Katze bei ihrem Spiel zuvorzukommen. Nehmen Sie die Herausforderung an!

Gedanken lesen

Lernen Sie, die Gedanken der Katze zu lesen. Wenn Sie sie beobachten, werden Sie erkennen können, dass sie gerade darüber nachdenkt, an den Vorhang zu springen. Handeln Sie, bevor sie springt. Ein klares „NEIN“ mit viel Spannung hilft. Gehen Sie wenn nötig einen Schritt auf sie zu. Springt sie nicht, können Sie sie ablenken, springt sie doch ... müssen Sie beim nächsten Mal schneller sein. Übung macht den Meister!

Sprung von einem Hocker zum anderen

Zu Beginn eignen sich zwei Barhocker als Requisiten. Die Fläche der Hocker muss groß genug sein, damit die Katze bequem stehen oder sitzen und gut abspringen oder darauf landen kann. Die Fläche sollte rutschfest sein und keine Lehne oder sonstige Abgrenzungen haben. Stellen Sie die beiden Hocker dicht nebeneinander. Nun setzen Sie die Katze auf den linken Hocker und gehen auf die gegenüberliegende Seite, sodass zwischen Ihnen und der Katze der zweite Hocker steht. Dann rufen Sie die Katze zu sich. Wenn sie kommt, loben Sie sie mit: „Braaav, gut gemacht! Braaaav." Sie können ihr eine Belohnung geben. Dann gehen Sie auf die andere Seite und schieben dabei den Hocker etwas weiter auseinander, sodass der Abstand größer wird. Sie wiederholen die Übung und erweitern den Abstand immer ein bisschen, bis die Katze nicht mehr von einem Hocker zum andern gehen kann, sondern springen muss.

Ich möchte, dass sich die Katze an ihre Aufgabe herantasten kann. Ich lasse ihr Zeit, sich an das Requisit zu gewöhnen.

Jetzt versuche ich, ihre Neugierde zu wecken. Die Distanz der Hocker ist ein Katzensprung und keine Herausforderung.

Ja, sie springt! Ich freue mich riesig und lasse die Katze auch meine Freude spüren.

Aufgabe verstanden?

Als Tierlehrer ist es wichtig zu merken, wann die Katze verstanden hat, was man von ihr will. Wenn sie es weiß, bekommt sie nicht mehr bei jedem Sprung eine Belohnung. Nun besteht der Trick nicht mehr aus einem Sprung, sondern aus drei, vier oder fünf Sprüngen. Wie viele Sprünge es sein sollen, bestimmen Sie, und zwar zu Beginn der Übung. Wenn Sie die Katze auf den Hocker setzen, müssen Sie für sich bereits entschieden haben, wie oft sie springen soll. Letztendlich bleibt es bei einer bestimmten Anzahl, die der Katze Spaß macht und Ihnen genügt. Die Belohnung gibt es nach den Sprüngen mit viel Lob und Streicheleinheiten.

Ihre Position

Sobald Sie merken, dass die Katze weiß, was Sie von ihr wollen, bleiben Sie seitlich der Hocker stehen.

Sie stehen auf der Höhe des Hockers, auf den sie springen soll, mit ca. einem Meter Abstand. Von nun an können Sie der Katze durch Energiearbeit helfen. Jedes Mal, wenn die Katze abspringt, rufen Sie kurz und klar „HOPP!". Da Sie gespannt sind, ob die Katze springt oder nicht, bauen Sie von allein Energie auf (Beispiel Bauklötzchen) und lassen diese mit dem Wort „HOPP" frei. Sie können diesen Vorgang noch verstärken, indem Sie mit dem Kommando einen kleinen Schritt in die Sprungrichtung machen, sozusagen mitspringen.
Schlüsseln Sie das Wort „HOPP" auf. Machen Sie sich bewusst, welche Informationen und Emotionen in diesem Wort stecken. Dann werden Sie der Katze mit der richtigen Energie helfen und sie zum Sprung motivieren können.

Hilfestellungen reduzieren
Mein Ziel ist es immer, dass die Tiere selbstständig arbeiten. Ich habe darauf geachtet, mit der Zeit meine Zeichen wie Körperstellung, Worte (in dem Fall das „HOPP") und auch die Energie so weit wie möglich zu reduzieren, damit das Tier aus eigener Motivation und ohne Druck die Aufgabe ausführen kann. Meine Aufmerksamkeit darf allerdings nie nachlassen. Die Katze wird nicht springen, wenn ich kein Interesse daran habe, dass sie springt. Sie folgt meiner Aufmerksamkeit oder, besser gesagt, meinen Gedanken. Habe ich meine Gedanken nicht auf sie und ihr Tun gerichtet, macht sie, was sie möchte. Ich kann nicht erwarten, dass die Katze, nur weil dort zwei Hocker stehen, automatisch meinen Wunsch von den Augen abliest und genau die gewünschte Anzahl an Sprüngen springt. Signalisiere ich ihr jedoch durch meine Gedanken meinen Wunsch, wird sie ihn mir erfüllen, unterstützt von akustischen und sichtbaren Zeichen meinerseits.

Stablaufen

Das Stablaufen ist für die Katze ein Kinderspiel. Ich sehe gern zu, wenn eine Katze balancieren muss. Es fasziniert mich immer wieder, wie geschickt die Katze mit dem Schwanz das Gleichgewicht hält. Die selbstverständliche Eleganz und die Anmut, wenn sie den Stab überquert, das blitzschnelle Korrigieren und Ausgleichen mit dem Schwanz und dem ganzen Körper, um sogleich wieder, als wäre es das Einfachste auf der Welt, auf dem schmalen Pfad weiterzuschreiten.

Die Katze weiß genau, wie weit sie springen kann, um sicher zu landen. Meine Aufgabe ist es, zu spüren, wann diese Grenze erreicht ist.

Alles sicher?
Befestigen Sie einen Stab gut an den Hockern oder dem dafür angefertigten Requisit. Es ist wichtig, dass der Stab sich nicht dreht, sondern eine sichere, trittfeste, wenn auch schmale Schrittfläche bietet. Dann setzen Sie die Katze auf einen Hocker. Die nächste Aufgabe besteht darin, die Katze auf den Stab zu locken. Sie haben zwei Möglichkeiten. Sie nehmen ein Fleischstückchen zwischen Daumen und Zeigefinger, lassen die Katze daran riechen und führen sie so über den Stab. Die Katze läuft einfach der Nase nach. Diese Methode ist gut, um zu testen, ob der Stab den Anforderungen entspricht. Am anderen Ende gibt es das Fleischstück als Belohnung. Wir dürfen aber nicht außer Acht lassen, dass die Katze jetzt „gelernt“ hat, dem Fleisch nachzulaufen. Sie hat allerdings noch nicht „gelernt“, über den Stab zu laufen. Aber Sie wissen jetzt, dass sie über den Stab laufen kann.

Die Requisiten sind wichtige Werkzeuge. Für das Planen und Bauen habe ich liebe Helfer. Ich danke allen, die mich immer wieder tatkräftig unterstützt haben.

Nutzen Sie den Spieltrieb
Für die nächste Überquerung nutzen Sie den Spieltrieb der Katze. Nehmen Sie ein Stäbchen oder Ihren Zeigefinger und kratzen Sie vorn am Stab. Durch ihren Spieltrieb wird die Katze versuchen, das Stäbchen oder Ihren Finger zu fangen. Wenn sie auf dem Stab steht, halten Sie kurz inne und loben Sie sie freudig mit: „Braaaav, gut gemacht!“ Dann locken Sie sie weiter. Wenn nötig benutzen Sie bis zum Ende weiterhin Stäbchen oder Zeigefinger. Schöner ist es, wenn Sie sie mit Energiearbeit der Sprache locken können.

Energiearbeit der Sprache
Die Energiearbeit der Sprache ist von entscheidender Bedeutung bei der Arbeit mit Tieren. Im Alltag benutzen wir sie automatisch, in der Regel jedoch unbewusst. Jetzt wenden wir sie bewusst an. Wenn Sie jemanden rufen, der ein Stück von Ihnen entfernt steht, ist es klar, dass er Sie hören muss, um sich angesprochen zu fühlen. Solange er das nicht gemerkt hat, reagiert er nicht. Hört er Sie nicht, werden Sie Ihrer Stimme mehr Intensität geben. Das bedeutet nicht unbedingt, dass Sie lauter rufen, aber Sie fixieren die Person stärker und versuchen auf sich aufmerksam zu machen. Sie geben also all Ihre Aufmerksamkeit in die Richtung der Person. Sie schicken Energie! Schaut die Person zu Ihnen, haben Sie einen kurzen Moment der Entspannung. Bleiben Sie entspannt und nehmen gar Ihre Aufmerksamkeit von der Person weg, wird sie

sich wieder abwenden. Sie nutzen jetzt unbewusst eine andere Form der Energiearbeit. Sie ziehen die Person zu sich. Sie benutzen Worte wie „Komm her" und unterstützen Ihren Wunsch durch eine Armbewegung. Das ist der bewusste Teil und deshalb sonnenklar.

Rufen und wegschicken

Ist Ihnen jedoch bewusst, dass Sie beim Rufen einatmen? Sie saugen Luft ein, wenn Sie „Komm her" rufen. Sie ziehen die Person mit Ihrer Energie zu sich. Versuchen Sie einmal auszuatmen, wenn Sie „Komm her" rufen. Selbst wenn Sie gleichzeitig die Gestik „Komm her" ausführen, schwächt das Ausatmen beim Rufen die Intensität und die Wirkung ist nicht dieselbe. Die gerufene Person ist verunsichert und weiß nicht genau, ob sie wirklich gemeint ist. Möchte ich, dass jemand weggeht, benutze ich die Stimme. Die Worte „Geh weg" sind klar und deutlich. Auch hier kann ich durch eine Armbewegung meine Worte unterstützen. Auch die Armbewegung ist gegenteilig: Bei „Komm her" ist die Betonung von unten nach oben, bei „Geh weg" ist Kraft in der Bewegung von oben nach unten. Dies machen wir bewusst. Nun erstaunt es Sie nicht mehr, dass wir beim „Geh weg"-Rufen unbewusst ausatmen, oder? Probieren Sie es aus und versuchen Sie, beim Sprechen einzuatmen und gleichzeitig durch Worte und Gesten wegzuschicken. Ich empfinde es als anstrengend und es nimmt meinem Tun die Kraft.

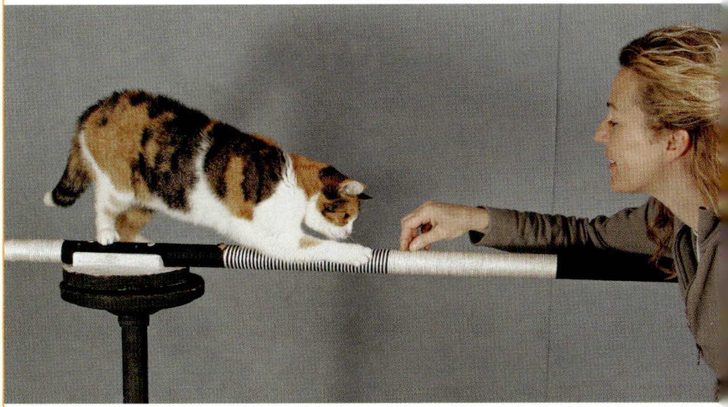

Es macht so viel Spaß, Katzen etwas beizubringen, weil ich oft meine Ziele über den Spieltrieb oder ihre Neugierde erreichen kann.

Andere Länder, andere Sitten

Es gibt Länder, in denen die Handzeichen für „Kommen" oder für „Gehen" anders gemacht werden. Dies spielt keine Rolle. Es geht darum, dass eine Gestik und ein Wort von Kindesbeinen an miteinander verknüpft sind. Sie gehören zusammen und unterstützen sich. Falls Sie, wie es in südlicheren Gegenden üblich ist, für „Kommen" von oben nach unten winken, versuchen Sie das obige Beispiel auf Ihre eingeübte Gestik zu übertragen.

Bewusst atmen

Wahrscheinlich hätten Sie so oder so unbewusst eingeatmet, während Sie die Katze mit „Komm, komm" über den Stab locken. Machen Sie es von nun an bewusst. Ziehen Sie die Katze bewusst zu sich, in dem Sie Energie einatmen. Entspannen Sie sich beim Ausatmen wieder und schenken Sie dem Ausatmen keine Aufmerksamkeit. Was unbewusst bestens klappt, geschieht, wenn man es bewusst macht, am Anfang etwas holprig. Es kann gut sein, dass Sie am Ende der Übung atmen müssen, als kämen Sie von einem 100-Meter-Lauf. Mit der Zeit ist das bewusste Ziehen und Stoßen der Energie eine große Hilfe bei der Arbeit mit den Tieren. Es erfüllt mich immer mit Freude, wenn es mir gelingt, dass die Katzen durch bloße Energiearbeit, ohne Worte und ohne mehr Zeichen als nötig, die Tricks ausführen.

Auf dem Stab

Wenn Sie es geschafft haben, die Katze auf den Stab zu locken, versuchen Sie sie mit lobenden Worten bis ans andere Ende zu begleiten. Sie sind immer etwas vor ihr, sodass Sie sie, wenn nötig, mit Energie „ziehen" können. Jetzt erst beginnt die Katze zu begreifen, dass sie über den Stab laufen soll. Das Ziel ist erreicht, wenn Sie sie auch beim Starten nicht mehr durch den Spieltrieb locken müssen.

Die Katze läuft nun von einem Hocker zum anderen und auch wieder zurück. Die Anzahl der Stabüberquerungen bestimmen Sie. Eine Fleischbelohnung gibt es nun erst nach Beendigung Ihrer gewünschten Anzahl der Überquerungen. Auch Ihre Energiestärke können Sie immer mehr drosseln, bis die Katze allein, aus eigenem Antrieb hinüberläuft. Helfen Sie ihr vielleicht noch beim Start, doch wenn sie auf dem Stab ist, können Sie sie laufen lassen. Sie darf allerdings nicht in der Mitte der Strecke umdrehen. Tut sie das, bekommt sie ein entschiedenes „NEIN". Falls sie es dennoch tut, luchst sie Ihnen einen weiteren Trick ab, denn das Drehen soll auf Ihr Kommando erfolgen.

Es ist faszinierend wie geschickt, schnell und schlau die Katzen sind. Da wird mein Geschick, meine Schnelligkeit und meine Cleverness oftmals auf die Probe gestellt.

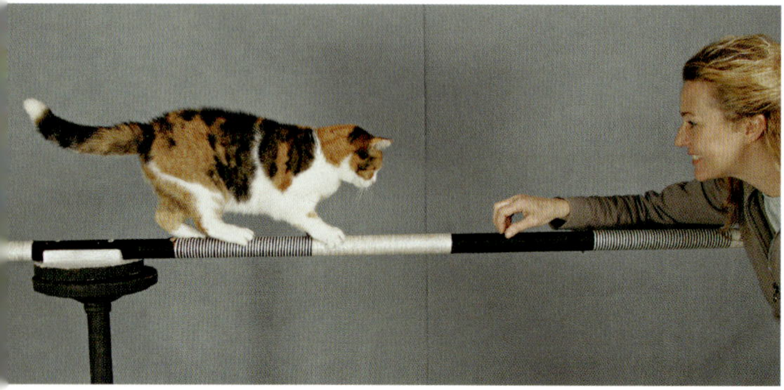

Drehen auf dem Stab

In der Bewegung stoppen

Damit die Katze auf dem Stab drehen kann, muss sie anhalten. Sie hat jedoch das Ende des Stabes vor Augen und konzentriert sich auf das Ziel. (Bisher hatte sie auch nichts anderes machen dürfen!) Um sie von ihrem Vorhaben abzulenken, müssen Sie den Energiefluss der Katze unterbrechen und ihre Aufmerksamkeit auf sich lenken. Am einfachsten tun Sie das, indem Sie abrupt stehen bleiben und „Warten“ sagen. Ihre Haltung ist angespannt, Sie schauen die Katze an und halten Ihre Hand (Faust) mit ausgestrecktem Zeigefinger auf Brusthöhe. Das ist Ihre bewusste Aktion. Wenn Sie das versuchen, werden Sie feststellen, dass Sie nach dem Wort „Warten“ die Luft anhalten. Die Energie kann nicht mehr fließen. Die Katze bleibt, genau wie Sie, wie angewurzelt stehen und schaut Sie an. Das ist der Moment, wo die volle Aufmerksamkeit der Katze Ihnen gehört. Es ist ein kurzer Augenblick, den Sie nicht verpassen dürfen. Aber Sie können die Luft auch nicht ewig anhalten. Mit dem Ausatmen folgt die neue Anweisung an die Katze: „Und dreeeehen!“

Wie wendet man eine Katze?

Für das Drehen wenden Sie drei Techniken gleichzeitig an:

1. die Energiearbeit des Stoßens
2. die Energie der Sprache
3. die Körpersprache oder Handzeichen.

Es ist nicht so kompliziert, wie es sich anhört. Wahrscheinlich machen Sie instinktiv alles richtig. Die Aufschlüsselung dient als Hilfe, als eine Art Kontrolle über Ihre Möglichkeiten, damit Sie diese voll ausschöpfen können.

Die Katze steht einen Moment still und weiß nicht, was sie tun soll. Sie „drücken“ sie nun zurück. „Zurückdrücken oder -stoßen“ können Sie, wenn Sie den angehaltenen Atem ausatmen und gleichzeitig einen Schritt auf die Katze zugehen. Da eine Katze im Normalfall nicht rückwärtsläuft, sondern ausweicht, wird sie sich auf die eine oder andere Seite abwenden. Da sie auf einem schmalen Stab steht, ist sie gezwungen, sich zu drehen. Jetzt kommt der Einsatz der Sprachenergie. In dem Moment, in dem die Katze mit der Drehung beginnt, sagen Sie ein ausgedehntes „Dreeeeeheen, dreeeeeeheen, dreeeeeeheeen“ bis die Drehung so weit vollendet ist (eine halbe oder eine ganze Drehung), wie Sie es möchten. Bis die Katze weiß, was Sie von ihr wollen, empfehle ich, eine halbe Drehung zu üben. Hat Ihre Katze diese gemacht, „ziehen“ Sie sie (nur mit Energie) auf den Hocker zurück, von welchem sie gestartet ist. Jetzt gibt es ein großes Lob, viel Streicheleinheiten und die Fleischbelohnung!

Visuelle Wegweiser

Durch Handzeichen und Körpersprache können Sie den Vorgang visuell verstärken.

Aus dem Spiel wird ein Trick, aus dem unbewussten Tun wird eine Aufgabe.

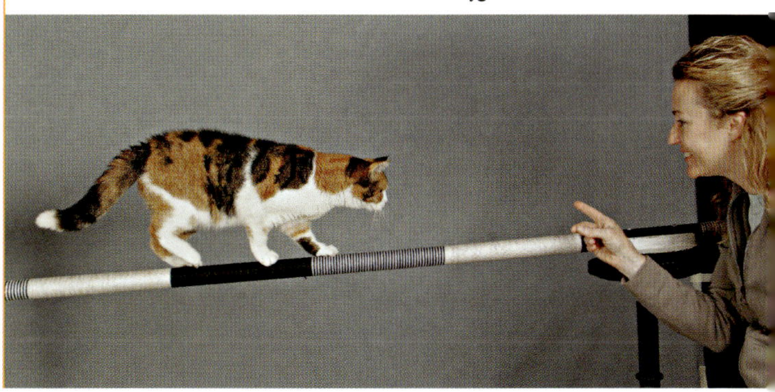

Wird die Aufgabe zu einfach, so tasten wir uns an einen höheren Schwierigkeitsgrad heran. Jetzt wird Geschicklichkeit auf beiden Seiten verlangt.

Die Faust mit ausgestrecktem Zeigefinger auf Brusthöhe ist ein Fixpunkt für die Katze. Für die ersten Versuche nehmen Sie einen Holzspieß, an dessen Spitze ein Fleischstück aufgespießt ist. Die Katze wird das Fleischstück fixieren. Sie können ihr jetzt den Weg, den sie gehen muss, vorzeigen, indem Sie die halbe Drehung mit dem Fleischwegweiser vorbahnen. Die Katze läuft dem Fleisch nach und wird drehen, ohne es wirklich bewusst zu merken. Sie müssen darauf achten, dass der Abstand von der Katze zum Fleisch groß genug ist, sodass sie es Ihnen nicht vom Spieß angeln kann, und doch nah genug, damit ihre Aufmerksamkeit darauf gerichtet bleibt. Bekommen darf sie es erst, wenn sie wieder auf dem Hocker angelangt ist.

Hilfsmittel abbauen

Wenn es einige Male geklappt hat, nehmen Sie das Fleisch zwischen Zeigefinger und Daumen, aber immer noch gut sichtbar für die Katze. Führen Sie denselben Ablauf erneut einige Male durch. Anschließend lassen Sie das Fleisch weg und versuchen die Aufmerksamkeit der Katze auf Ihren ausgestreckten Zeigefinger zu lenken. Das Vorgehen ist dasselbe. Anstelle des Fleischgeruchs braucht die Katze etwas mehr Energie, aber da sie das Drehen mit Fleisch schon ein paarmal geübt hat, kennt sie den Ablauf und fängt an zu verstehen, was Sie von ihr wollen. Es ist eine Freude, wenn es das erste Mal gelingt. Ihre Freude überträgt sich auf die Katze und die Streicheleinheiten, das Lob und die Belohnung signalisieren ihr, dass sie es gut macht. Das motiviert die Katze und Sie werden spüren, dass sie gern arbeitet und ganz begierig ist, Neues zu lernen.

Eine ganze Pirouette

Bei der ganzen Drehung ist Arbeit für Sie angesagt. Am besten nehmen Sie für die ersten Versuche wieder den Spieß mit dem Fleisch. Ist die halbe Drehung ausgeführt, gibt es einen blitzschnellen Wechsel von „stoßen“ zu „ziehen“. Ihre Hand mit dem Spieß muss erst noch das Hindernis des Stabes überwinden. Für einen kleinen Moment verschwindet

das Fleisch aus dem Blickfeld der Katze und sie sieht den Stab, auf dem sie wieder zurückgehen kann (und vorher immer gegangen ist). Jetzt liegt es an Ihnen, mehr Aufmerksamkeit auf den Spieß zu übertragen als der Stab Anziehungskraft auf die Katze ausübt. Sie legen Ihre volle Energie auf das „Ziehen" und in das Wort „Dreeeeeehen". Wahrscheinlich läuft Ihnen die Katze noch ab und zu nach der halben Drehung zurück. Wenn Ihnen das passiert, entspannen Sie sich, lassen Sie die Katze auf den Hocker zurücklaufen. Sagen Sie ihr aber mit entspannter Stimme: „Nein, ich will, dass du eine ganze Drehung machst." So lange sie noch nicht begriffen hat, was Sie von ihr wollen, streicheln Sie sie auf dem Hocker, ohne großes Lob und ohne ihr eine Belohnung zu geben. Sie streicheln sie, um ihr trotzdem zu signalisieren, dass sie es gut gemacht hat und es nochmals versuchen soll, als Motivation sozusagen. Schließlich ist es Ihnen nicht gelungen, die Aufmerksamkeit des Tiers bis zuletzt auf sich zu richten. Es war kein Fehler Ihrer Katze.

Sie dreht sich nicht

Es wird sicher auch eine Phase kommen, in der sich die Katze nicht ganz drehen will. Dann fallen die Streicheleinheiten auf dem Hocker weg. Reden Sie dennoch mit ihr, das darf in tadelndem Ton sein. Ihr Ziel ist die ganze Drehung, ohne Spieß, ohne Fleisch, nur mit Zeigefinger. Ganz toll ist, wenn Sie der Katze nur noch den Beginn der Drehung signalisieren müssen und sie sich daraufhin von allein dreht.

Glücksmomente

Wenn die Katze einen Trick begreift, wenn es so klappt, wie ich es gewollt habe, überkommt mich immer eine intensive Freude, die mich erfüllt. Diese Glücksmomente genieße ich und fühle mich mit meinen Tieren sehr verbunden. Sie geben mir innere Zufriedenheit und Ruhe und bieten mir eine bedingungslose Freundschaft an. Wo bekommt man sonst ein so kostbares Geschenk?

Geschafft! Da können wir stolz auf uns sein!

Seillaufen

Für Seiltänzer

Man kann den Stab durch verschiedene Arten von Requisiten ergänzen oder ersetzen. Was gleich bleibt, ist der Weg von A nach B oder von Hocker zu Hocker. In meiner neuen Nummer mit den Katzen habe ich den Stab durch zwei Seile ersetzt. Für den Zuschauer sieht es spektakulärer aus, weil die Seile je nach Gewichtsverlagerung der Katze mehr oder weniger gespannt sind. Wichtig ist jedoch, dass die Spannung immer groß genug ist, damit die Katze ohne zu klettern auf die andere Seite laufen kann. Die Katze ist eine Seiltänzerin (Steifdraht) und nicht eine Schlappseilläuferin. Auch das Drehen auf den Seilen funktioniert. Die Katze braucht ein bisschen mehr Balance und Geschicklichkeit, aber das kann sie, wenn sie möchte!

Für Aischa darf der Schwierigkeitsgrad nochmals erhöht werden. Sie überquert zwei gespannte Seile, auf denen sie auch drehen kann.

Slalom

Die Requisiten

Für das Slalomlaufen können Sie, anstelle eines Stabes, ein schmales Brett (ca. 20 cm breit) benutzen. Auf diesem Brett befestigen Sie stehende Stäbe, die versetzt oder auch in gerader Linie verlaufen. Der Abstand sollte so groß sein, dass die Katze bequem zwischen den Stäben hindurchschlüpfen kann. Die versetzte Version ist für den Anfang leichter und bietet außerdem die Möglichkeit, den Effekt zu erhöhen. Sie können nämlich von der Innenbahn auf die Außenbahn wechseln.

Wegweiser

Setzen Sie die Katze auf den Hocker. Mit der Hand oder dem Spieß zeigen Sie ihr den Weg. Es ist nicht nötig, Fleisch aufzuspießen, Sie können die Katze gut über ihren Spieltrieb locken. Sie „spielen" mit den Fingern Maus und achten darauf, dass die Katze auf die Innenbahn der Slalomstrecke kommt. Sie kann beinah geradeaus gehen, aber eben nur fast. Um an den Stäben vorbeizukommen, muss sie sich vorbeischlängeln. Zeigen Sie ihr immer noch mit der Hand den Weg auf dem Brett und fahren Sie die Schlangenbewegung vor. Mit jedem Durchgang können Sie die Hand ein Stückchen weiter vom Brett entfernen, die Schlangenbewegung behalten Sie bei. Falls Sie mit dem Spieß begonnen haben, können Sie ihn nun weglassen und Ihre Hand benutzen. Da der Blick der Katze nicht mehr auf den Boden des

Laika, mein Schmusetiger, schmust genüsslich im Vorbeigehen.

Brettes gerichtet ist, und sie geradeaus schaut, wird die Schmusekatze die Gelegenheit nutzen und schnurrend mit jedem Stab schmusen und sich genüsslich an ihm reiben. Solange sie den Slalom beibehält, darf sie das machen. Es ist eine Wonne, dabei zuzusehen. Sie müssen allerdings aufpassen, dass sie vor lauter Schmusen nicht auf die Außenbahn wechselt.

In Bewegung bleiben

Das Ziel ist erreicht, wenn die Katze einen schönen Slalom läuft, ohne Stäbe auszulassen. Gehen Sie von nun an seitlich der Slalomstrecke rückwärts, ein Stück vor der Katze. Sie können sie so bei Bedarf mit Ihrer Energie „ziehen". Es ist nämlich gut möglich, dass sie vor lauter Schmusen vergisst, was sie eigentlich tun soll. Durch die Wedelbewegungen Ihrer Hand geben Sie ihr das Slalomzeichen. Falls die Katze aus dem Trott geraten ist, können Sie ihr durch diese Bewegung den „falschen" Weg versperren, indem Sie genau auf den Stab „zuwedeln", den sie umgehen muss. Die Kunst dabei ist, die Katze nicht zu stoppen. Solange die Katze in Bewegung ist, dürfen Sie sie nicht anhalten oder ihr gar entgegenkommen. Sie müssen Ihr Tempo ihrem Tempo anpassen. Sind Sie zu weit vorn und die Katze lässt einen Stab aus, müssen Sie das Tempo drosseln. Machen Sie weiter, wenn ein Stab ausgelassen wurde; es nützt nichts, wenn Sie ihr entgegenspringen. Hält die Katze an, um mit einem Stab zu schmusen, müssen Sie sie abholen, am besten mit Energiearbeit und mit der Stimme. Wichtig ist, dass Sie Ihre Aufmerksamkeit auf das Weitergehen richten. Bleiben Sie in Gedanken beim Schmusen, geht es nicht weiter.

Ein Beispiel aus dem Alltag

Sie gehen mit einer Freundin einkaufen. Beim Ausgang begegnet Ihnen ein Bekannter Ihrer Freundin. Die beiden beginnen ein Gespräch, Sie möchten aber weitergehen. Sie äußern sich nicht verbal, sondern stehen daneben und denken: „Oh nein, jetzt fängt sie an zu reden, das dauert bestimmt ewig. Immer dieses Getratsche. Sie weiß doch, dass wir es eilig haben. Jetzt reden die beiden auch noch über dies und das. Das glaube ich ja gar nicht." Und so weiter. Oder Sie stehen daneben und denken: „Ich gehe jetzt langsam zum Auto. Wenn die Einkaufstaschen im Auto sind, müssen wir noch zur Apotheke und dann schnell nach Hause. Die erwarteten Gäste kommen bald." Bei welcher Version wird Ihre Begleitung das Gespräch schneller beenden? Im ersten Fall konzentrieren Sie all Ihre Energie auf das Gespräch. Das Gespräch wird erst „unfreiwillig" beendet, wenn Ihre Begleitung Ihren Ärger spürt, in den Sie sich hineingesteigert haben, durch die trübsinnigen Gedanken um das Gespräch. Selbst beim Weitergehen bleibt die Energie beim Gespräch hängen, denn Sie werden mit Ihrer Begleitung „streiten" oder beleidigt sein, da diese ja hätte wissen müssen, dass die Zeit drängt. Im zweiten Fall ziehen Sie die Energie von dem Gespräch weg. Sie gehen gedanklich vom Gespräch weg und signalisieren das auch unbewusst durch Ihre Körpersprache. Ihr Blick schweift zum Auto, Ihre Hände stellen die Einkaufstaschen hin, dabei verlagern Sie Ihr Gewicht von einem Fuß auf den anderen. Wenn überhaupt nötig, können Sie das Gespräch beenden, indem Sie die Einkaufstaschen ruhig aufheben, dem Gesprächspartner Ihrer Begleitung zum Abschied freundlich zunicken und gemächlich zum Auto gehen. Falls Ihre Freundin „eingeschnappt" auf Ihr Verhalten reagiert, „holen Sie sie beim Gespräch ab", indem Sie ihr sagen, dass es toll ist, dass sie diesen Bekannten getroffen hat. Dann lenken Sie das weitere Gespräch auf die Apotheke. Fragen Sie sie, was sie einkaufen möchte.

Mit Gedanken lenken

Auch Gedanken sind Energiearbeit. Nehmen wir an, die Katze schmust mit einem Stab und Sie denken: „Was ist? Du kannst doch nicht immer stehen bleiben und schmusen! Die Leute wollen sehen, wie du Slalom läufst! Lass den Stab sein und hör sofort auf zu schmusen!" Bei diesem Gedankengang wird die Katze nicht weiterlaufen, denn Ihre gesamte Körpersprache würde sie aufhalten. Wenn Sie sie mit dem Gedanken „Du musst jetzt aufhören" am Schmusen hindern wollen, müssen Sie auf sie zugehen, was einem Stopp gleichkommt. Dasselbe gilt bei: „Lass den Stab sein und hör sofort auf zu schmusen!" Sie müssten mit starker Energie auf sie zugehen, um sie vom Stab beziehungsweise vom Schmusen abzuhalten.

Positiv denken

Versuchen Sie es mal mit: „Du bist ja eine schön verschmuste Katze, aber du kannst nicht immer schmusen! Komm, es muss weitergehen!" Mit diesen Gedanken oder Worten können Sie die Katze abholen, weil Sie entspannt und ohne Druck auf sie zugehen. Wenn Sie bei ihr sind, müssen Sie ihre Aufmerksamkeit erlangen, vielleicht durch das „Maus"-Spielen mit der Hand auf dem Brett, oder Sie streicheln sie kurz, um sie vom Schmusen abzulenken. Dann beginnen Sie sofort mit dem „Ziehen". „Komm, laaaauuufen, laaaauuufen, und laaaauuufen, koooomm, kooooomm, so ists braaaav, braaaav." Dabei gehen Sie langsam rückwärts, Ihre ganze Aufmerksamkeit ist darauf gerichtet, die Katze „vorwärtszuziehen" und ihr Interesse bei Ihnen zu behalten.

Herausforderung für Schmusetiger

Der korrekte Slalomlauf ist jedes Mal eine Herausforderung, vor allem, wenn eine verschmuste Katze Slalom läuft. Wenn Sie die äußere Slalombahn benutzen, verfeinern Sie das „Ziehen" und „Stoßen" in der Wedelbewegung, und Sie müssen gleichzeitig darauf achten, dass Sie das Vorwärtslaufen nicht bremsen. Für die Zuschauer läuft die Katze auf der Außenbahn offensichtlicher Slalom und Sie haben den Schwierigkeitsgrad der Übung erheblich erhöht.

Das Schöne bei diesem Requisit ist die Vielfalt der Möglichkeiten. Meine Katzen sind um Flaschen herumgelaufen, um Bambusstäbe, um Äste, um Pilze bei der Geschichte der kleinen Hexe, um elegante kleine Säulen in einer Tingel-Tangel-Varieté-Show und in meiner neuen Nummer laufen sie um ägyptische Figuren herum.

Balance auf dem Slalom

Mein Slalomrequisit ist doppelt nutzbar. Ich habe die Stäbe so gut befestigt, dass sie nicht kippen oder brechen und das Gewicht einer Katze gut tragen können. Auf die Stäbe habe ich eine gut Zweieurostück-große Holzscheibe geschraubt, an den jeweils letzten Stab eine gut 3 cm große Scheibe. Die Höhe der Stäbe kann variieren. Für meine zweite Katzennummer hatte ich zwei Faktoren, die ich beachten wollte. Zum einen sollten die Katzen selbstständig auf die Figuren steigen, zum andern mussten sie hoch genug sein, sodass eine Katze bequem Slalom laufen kann, während die andere über die Figuren balanciert.

Meine Herausforderung für die zweite Katzennummer war das Arbeiten mit mehreren Tieren gleichzeitig auf dem selben Requisit.

Wie bekomme ich die Katze lange genug auf die Flaschen? Bei diesem Trick wird meine Geduld und meine Geschicklichkeit mit der Energiearbeit getestet.

Aller Anfang ist schwer

Am schwierigsten ist der Anfang, wenn die Katze auf den Stäben balancieren soll. Wie kommen alle vier Pfoten auf die kleinen Auftrittsflächen? Stellen Sie zu Beginn der Übung einen Hocker mit größerer Sitzfläche daneben. Montieren Sie den Slalom so, dass die Auftrittsfläche auf gleicher Höhe wie der Hocker ist. Für die Katze ist es fast dasselbe, ob sie den Stab oder den Slalom überquert, allerdings benötigt man beim Slalom mehr Konzentration. Hier kommt das Gespür des Tierlehrers zum Einsatz. Die Katze hat nun eine Ausweichmöglichkeit. Wenn sie abgelenkt oder unkonzentriert ist, klettert sie von den Laufstäben auf die Slalompiste hinunter. Das konnte sie beim Stablaufen nicht machen, da sie auf den Boden hätte springen müssen.

Von Tritt zu Tritt

Das folgende Training ist ähnlich wie das Stablaufen. Ihr Ziel ist es, die Katze auf die Laufstäbe zu „locken". Versuchen Sie es mit den Fingern, indem Sie auf der Lauffläche kratzen. Achten Sie jedoch darauf, dass Sie mit Ihrem Energiefluss locken und nicht blockieren. Die Katze soll vorwärtslaufen. Wenn Ihr Fingerspiel und das neue Requisit die Neugier der Katze nicht wecken, greifen Sie zum Fleischspieß. Halten Sie das Fleisch eher tief, damit die Katze neben dem Fleischduft auch die Laufstäbe wahrnehmen kann. Da das Überqueren an sich für die Katze ein Kinderspiel ist, müssen Sie jetzt umso geschickter sein. Wenn die Katze nach dem Fleisch angelt, sollten Sie schneller sein und sie so vorwärtsziehen, aber Sie dürfen auch nicht aus der Bahn oder von der Laufpiste geraten. Bleiben Sie mit dem Fleisch immer über den Laufstäben, sonst gerät die Katze aus dem Gleichgewicht und wird zwangsläufig von den Stäben steigen.

Kommando einführen

Versuchen Sie, während Sie die Katze über die Laufstäbe locken, gleichzeitig die verbalen Kommandos mit einzubauen. „Lauf, lauf, und braaav, braaaaver Sabu" usw.

Die Belohnung gibt es am anderen Ende mit ganz viel Streicheleinheiten. Da die Katze das Überqueren eines Requisits vom Stablaufen her kennt, sollte sie schnell begreifen, was von ihr verlangt wird. Der Fleischspieß dürfte deshalb nur für ein, zwei Mal zum Einsatz kommen.

Oben bleiben

Da Katzen von Natur aus den Weg des geringsten Widerstands gehen, wird die Katze am Anfang versuchen, auf die breite und vertraute Slalompiste auszuweichen. Jetzt kommt Ihre Erfahrung aus dem Platzfestmachen zum Zug. Die Katze darf nicht von den Laufstäben auf die Slalompiste ausweichen. Das weiß sie allerdings nicht. Es ist möglich, dass sie hinunterfällt, weil sie dem Fleischfang vielleicht mehr Beachtung geschenkt hat, als ihrem Gleichgewicht. Dann nehmen Sie sie auf den Arm und gehen zur Anfangsposition zurück, ohne viel Aufheben zu machen. Erklären Sie ihr höchstens auf dem Weg zur Ausgangslage ruhig und sachlich, dass sie aufpassen muss und auf den Stäben bleiben soll. Dann beginnen Sie von Neuem. Wenn Sie sie gut beobachten, erkennen Sie, wann sie hinunterwill. Sofort ertönt Ihr klares, knappes, scharfes „NEIN“. Sie gehen dann automatisch einen Schritt auf sie zu, dabei wandelt sich die Energie von „Ziehen“ auf „Blocken“. Hält sie inne, „ziehen“ und locken Sie sie schnell weiter. Ihre Stimme ist motivierend, freundlich, mit vielen „Braaav“ und „Laufen“ gespickt.

Mit Bestimmtheit

Wenn es die Katze trotz allem schafft, von den Laufstäben zu klettern, wird Ihre Stimme auf dem Weg zur Anfangsposition bestimmter. Die Katze soll an Ihrer Tonlage merken, dass Sie mit dem Hinunterklettern nicht einverstanden sind. Sagen Sie es ihr auch so. Ich rede mit meinen Katzen immer, als würde ich mit Kindern reden, denn ich bin sicher, dass sie mich genau verstehen.
Wir Menschen haben gelernt, viele emotionale Signale über die Sprache auszusenden, und diese Energien verstehen die Tiere ganz genau. Als Tierlehrerin habe ich die Erfahrung gemacht, dass Tiere auch intensive Gedanken verstehen. Wenn es „Befehle“ sind, führen sie diese aus. Dennoch vergesse ich nicht, dass ich als Tierlehrerin zu spät reagiert habe. Es ist meine Aufgabe, dass die Katze auf den Stäben bleibt, und mein Fehler, wenn sie hinunterspringt. Durch dieses Wissen entsteht keine Wut auf das Tier. Das Ziel ist erreicht, wenn die Katze weiß, dass sie oben auf den Stäben laufen muss und nicht hinunterdarf.

Die Katze ist jetzt auf den Flaschen und darf nicht hinunter. Ein klares Nein, nicht zu früh und nicht zu spät, ist angebracht.

Aischa hat genau verstanden, wie man über Stäbe läuft. Mit dem Fleischspieß versuche ich nun, ihre Aufmerksamkeit auf mich zu lenken.

Ich achte auf die Position der Katze und versuche im richtigen Augenblick das neue Kommando einzuführen.

Aischa hat gemerkt, dass sie etwas Neues lernen soll. Dieser Moment ist immer spannend und erfüllt mich mit Freude.

Auf der Drehscheibe

Da die Stablaufstrecke bei meinem Requisit eher kurz ist, wollte ich, dass die Katze auf den Stäben dreht. Deshalb habe ich an beiden Enden eine größere Trittscheibe angebracht. Sie ist groß genug, dass beide Hinterpfoten darauf Platz haben. Die ersten Versuche der Katze waren lustig. Sie musste überlegen, wie sie drehen konnte, um danach die Pfoten zu sortieren. Drehte sie falsch, musste sie sozusagen mit gekreuzten Vorderbeinen laufen, da die Stäbe versetzt angebracht waren. Wir können ihr bei der Drehung selbst nicht helfen. Unsere Aufgabe ist es, die Drehung einzuleiten. Die Katze muss lernen, dass sie auf dem Stab drehen muss und nicht absteigen darf, um bequem auf dem Hocker zu drehen.

Der richtige Zeitpunkt

Setzen Sie die Drehstarthilfe möglichst im letzten Moment an. Versuchen Sie, die Katze bis ans Ende zu führen, sodass sie mit allen vieren auf dem letzten Stab steht. Da das jedoch nicht sehr lange auszubalancieren ist, führen Sie die Bewegung fort, indem Sie selbst um den Stab herum auf die andere Seite gehen. Da die Katze von sich aus nicht oben bleiben würde, um zu drehen, müssen Sie ihre ganze Aufmerksamkeit auf sich lenken. Das funktioniert am besten über die Nase. Benutzen Sie den bewährten Fleischspieß. Bei dem ca. drittletzten Stab zeigen Sie der Katze das Fleisch und „ziehen“ sie damit auf den letzten Stab.

Jetzt liegt es an Ihnen, den richtigen Moment zu erwischen. Die Katze muss relativ weit vorn sein, um drehen zu können. Ist sie allerdings zu weit vorn, hat sie keine Chance, die Balance zu halten, und wird zwangsläufig absteigen müssen. Ist sie noch nicht ganz vorn, wird sie Mühe haben, beim Drehen alle ihre vier Füße richtig zu platzieren.

Pirouette mit Schwung

Die Drehung sollte fließend ablaufen. Machen Sie selbst eine Pirouette, ist es schwieriger, wenn Sie während der Drehung immer anhalten müssten. Bringen Sie die Drehung der Katze nach Möglichkeit nicht ins Stocken.

Die Drehung auf kleinem Raum und danach richtig zu stehen, während die Katze gleichzeitig den leckeren Duft von einem Fleischstückchen in der Nase hat, erfordert viel Geschick und viel Konzentration.

Das Gleiche gilt für den Tierlehrer: Es ist keine leichte Aufgabe, eine Katze vorwärtszuziehen, während man selbst rückwärts um einen Stab herumläuft und gleichzeitig einen Spieß mit einem Fleischstück immer im gleichen Abstand vor die Nase einer drehenden Katze halten muss, während man mit viel Energie „Dreehen, dreeeehen" sagt!

Unsichtbare Hilfen

Das Ziel ist erreicht, wenn die Katze mit der Drehung fertig ist und danach wieder über die Stäbe laufen kann. Dann bekommt sie das Fleisch, viel „Braaaav, gut gemacht, braaaav", und während Sie sie intensiv streicheln, versuchen auch Sie wieder zu Atem zu kommen. Wenn Sie spüren, dass die Katze weiß, was von ihr verlangt wird, können Sie Ihren Zeigefinger als Drehhilfe benutzen. Ist die Drehung vollbracht, bekommt sie die gleiche Belohnung, ein Fleischstück, viel Lob und Streicheleinheiten.

Fast allein

Je besser die Katze das Drehen beherrscht, desto zurückhaltender können Sie Ihre Kommandos geben. Kiddi, aus meiner ersten Katzentruppe, konnte die Drehung letztendlich allein, ich musste nicht einmal mehr mit ihr mitlaufen. Ich konnte an der Startseite warten, bis sie auf den Stäben ganz nach vorn gelaufen war, dort gedreht hatte und wieder zu mir zurückkam. In Gedanken begleite ich die Tiere immer und mache ihre Übungen mit, denke die Kommandos und helfe mit Energie. Als Zuschauer sieht man eine absolut selbstständig laufende Katze, die allein wendet und wieder zurückkommt.

TIPP

Geduld ist das A und O

Für diese Übung braucht man Geduld. Ich habe von den Tieren gelernt, geduldig zu sein. Meine Tiere haben ihrerseits auch viel Geduld mit mir. Auch Sie dürfen üben und mal etwas nicht auf Anhieb können. Wenn es dann klappt, ist es umso schöner. Nicht alle Katzen sind gleich geschickt und gleich gelehrig, das Gleiche gilt auch für Tierlehrer und Tierlehrerinnen.

Nur ein Katzensprung

Ihre nächste Aufgabe besteht darin, der Katze beizubringen, selbstständig auf die Stäbe zu klettern. Wenn Sie die Möglichkeit haben, den Laufsteg mit den Stäben um die Hälfte nach oben zu versetzen, können Sie das Aufsteigen mit diesem Zwischenschritt trainieren. Die Katze weiß mittlerweile, dass sie über die Laufstäbe balancieren soll, und kann das auch schon problemlos. Durch die Treppenstufe hat sich nur wenig verändert. Sie wird die Stufe nach wenigen Malen mühelos überwinden. Bei anfänglichem Stocken braucht sie nur eine motivierende Bestätigung, dass sie es richtig macht. Wenn Sie den Laufsteg das erste Mal erhöhen, gehen Sie davon aus, dass die Katze den Aufstieg ohne Schwierigkeiten meistern wird. Dementsprechend geben Sie keine Energie in das kleine Hindernis und betrachten es als selbstverständlich, dass die Katze einfach über die Stäbe marschiert. Das ist völlig in Ordnung, denn damit signalisieren Sie mit Ihrer Körpersprache keine Unsicherheit. Reagieren Sie erst, wenn die Katze die Erhöhung als Hindernis empfindet.

Aischa steigt ganz selbstständig auf die Stäbe (Ägyptische Figuren) und dreht darauf genüsslich ihre Runden, während Fatima im Slalom unter ihr durchläuft.

Die Stufe im Kopf

Ich nehme mich hierfür als Beispiel. Wenn ich einen kleinen Absatz wie einen Bordstein oder gar die Höhe einer Treppenstufe überwinden muss, mache ich mir keine Gedanken darüber. Ich sehe, wie mein Weg nach dem Absatz weitergeht, und ihn zu überwinden erfordert keine außergewöhnlichen Kräfte. Ist die Erhöhung jedoch kniehoch, mache ich den Aufstieg bewusst. Ich muss kurz darüber nachdenken, ob ich mit Anlauf abspringen muss, ob ich genug Kraft in den Beinen habe, um den Absatz zu meistern. Ich suche vielleicht eine Alternative, um den Absatz zu umgehen. Ich kann die Situation in Sekundenbruchteilen einschätzen, aber ich werde stocken und nicht automatisch weitergehen. Betrachten Sie somit die Erhöhung als Bordstein oder Treppenstufe für die Katze und gehen Sie davon aus, dass sie nicht darüber nachdenken muss, wie sie auf die Stäbe kommt, sondern nur im Kopf hat, dass sie den Laufsteg überqueren muss.

Untendurch – obendrüber?

Spannend wird es, wenn Sie den Laufsteg so aufstellen, dass er auch als Slalombahn benutzt werden kann. Wenn Sie die beiden Tricks mit derselben Katze üben, haben Sie eine zusätzliche Aufgabe. Bevor die Katze startet, muss sie eindeutig wissen, ob sie durch den Slalom schlängeln oder auf den Stäben balancieren soll. Das Anfangskommando ist entscheidend. Die Katze muss ihre Aufmerksamkeit voll auf den Tierlehrer richten, damit sie sich nicht den Trick aussucht, der ihr besser gefällt. Ich habe immer versucht, es so einfach wie möglich zu machen, um kein Durcheinander zu verursachen. Weil ich mit mehreren Katzen in der gleichen Nummer arbeitete, konnte ich ausweichen. Eine Katze lernte, Slalom zu laufen, eine andere, über die Stäbe zu gehen. In meiner Nummer habe ich die Tricks kombiniert, indem verschiedene Katzen dasselbe machen. Während die eine gegen den Uhrzeigersinn über die Figuren balanciert, läuft die zweite im Uhrzeigersinn um sie herum.

Feste Reihenfolge

Übte ich mit derselben Katze beide Tricks, musste ich einen Ablauf einhalten. Ich hatte ihr den Slalom zuerst beigebracht. Wenn sie die Slalomstrecke vor Augen hatte, war ihr erster Impuls, draufloszuschlängeln. Das sollte sie auch tun, um zu wissen, dass sie es richtig machte. Wenn ich beide Tricks mit derselben Katze übte, durfte ich mit dem Stablauftrick in Höhe der Slalomstrecke erst beginnen, wenn die Katze das Slalomlaufen sicher beherrschte. Wenn ich mir über den Ablauf noch nicht sicher war oder noch Unsicherheiten spürte, trainierte ich das Stablaufen in versetzter Höhe, also auf Katzentreppenhöhe. So konnte ich trotzdem an beiden Tricks arbeiten, ohne sie bereits zu kombinieren. Geduldig sein erspart viel Zeit.

Der Aufstieg

Noch ein wichtige Entscheidung musste getroffen werden, bevor ich das Aufsteigen auf die Stäbe üben konnte. Wollte ich, dass die Katze am Anfang der Stablaufbahn auf die Stäbe steigt, oder sollte sie unterwegs hochklettern? Ich hatte mich für unterwegs Aufsteigen entschieden, weil ich dann weniger „blocken“ musste. Ich konnte die Katze in ihrer Bewegung weiterziehen. So würde es später für die Zuschauer wie selbstständiges Arbeiten aussehen, harmonisch und im Bewegungsablauf der Katze, wenn sie geschmeidig auf die Stäbe klettert.

Trittsicher schreitet Aischa über die Stäbe, deren Trittfläche in etwa der Pfotengröße entspricht und in bequemem Schrittabstand stehen.

Zwei Tricks kombinieren

Beim Stablauftraining sollten Sie von nun an wie folgt vorgehen: Die Katze kann den Slalom und sie kann auch auf den Stäben balancieren. Beide Tricks funktionieren einzeln. Setzen Sie die Katze ab sofort auf den Hocker rechts von Ihnen und lassen Sie sie einmal durch den Slalom laufen. Auf der anderen Seite soll sie wenden und wieder in den Slalom einfädeln. Sie haben einen Fleischspieß vorbereitet, der in Ihrer Futtertasche auf seinen Einsatz wartet. Für den Slalom brauchen Sie ihn nicht, aber nach der Wende sollte er griffbereit sein. Wenn die Katze von rechts nach links geht, also die erste Bahn läuft, achten Sie darauf, dass der Slalom auch ein Slalom ist und die Katze alle Stäbe korrekt umgeht. Nach der Wende lassen Sie sie allein Slalom laufen. Holen Sie so schnell Sie können den Fleischspieß aus der Futtertasche, die Sie sich wie einen Gürtel um die Taille gebunden haben, und sind dann startbereit. Gut ist, wenn die Katze in der Zwischenzeit höchstens ein Viertel der Strecke hinter sich gebracht hat. Jetzt zeigen Sie ihr den Fleischspieß und heben ihn so hoch, dass die Katze mit den Vorderpfoten in die Luft muss. Da sie Stäbe zum Abstützen hat, wird sie das automatisch machen. Die Belohnung ist ihr sicher und natürlich auch das liebevolle „Braaaaav, gut gemacht". Achten Sie darauf, ihr das Fleisch zu geben, solange sie mit den Vorderpfoten auf den Stäben steht, auch das „Braaaaav" kommt dann,

Durch den Fleischspieß lenke ich die Aufmerksamkeit der Katze nach oben. Ich zeige ihr so die Richtung, in die sie gehen soll.

Ich halte das Fleisch so hoch, dass die Katze von sich aus mit den Vorderpfoten auf den Stäben abstützt, um es zu erreichen.

und wenn möglich streicheln Sie sie auch in dieser Position. Hören Sie mit der Streicheleinheit und Wortbelohnung auf, sobald sie mit allen vieren wieder auf gleicher Höhe ist. Dann muss sie auf den rechten Hocker zurücklaufen. Setzen Sie sie nun auf ihren Platz. Wenn sie keinen anderen Platz hat, streicheln Sie sie nochmals intensiv zum Abschluss der Übung. Dann können Sie wieder von vorn beginnen. Die Katze läuft einen korrekten Slalom, nach der Wende muss sie mithilfe des Fleischspießes mit den Vorderpfoten auf die Stäbe, und so weiter.

Pfoten hoch

Sobald Sie spüren, dass der Ablauf schon fast von allein funktioniert, versuchen Sie die Katze ganz auf die Stäbe zu lotsen. Ziehen Sie das Fleisch in der gleichen Geschwindigkeit etwas höher, sodass die Katze es mit auf dem Stab abgestützten Vorderpfoten nicht erreichen kann. Aber aufgepasst! Mit Angeln kommt sie um einiges höher. Wenn die Katze nach dem Fleischstück angelt, brechen Sie die Übung mit einem „Nein, so will ich das nicht“ ab, sodass sie wieder auf dem Slalomsteg steht. Kein scharfes „NEIN“, sondern ein erklärendes, eher ruhiges „Nein“. Es ist einfacher, die Katze aus der Bewegung hinaufzudirigieren als aus dem Stand. Für den nächsten Anlauf muss sie zuerst ein paar Schritte gehen, dann versuchen Sie erneut, sie auf die Stäbe zu „ziehen“.

Mentaler Aufzug

Um sie vom Boden auf die Stäbe zu „ziehen“, braucht man viel Energie. Sie müssen sie sozusagen mental hochheben. Die Aufwärtsbewegung mit dem Stäbchen hilft Ihnen dabei. Ich ertappte mich, dass ich in der Anfangsphase oft nur noch auf den Zehenspitzen stand und mich selbst größer machte. Manchmal ging mir dabei die Luft aus. Weiterzuatmen, während man so angespannt auf den Zehenspitzen stand, war leichter gesagt als getan. Dann galt es, Luft zu holen und erneut zu üben! Mein akustisches Signal für das Aufsteigen auf die Stäbe war „Aaauf“.

Entschlossen zum Ziel

Das Ziel ist erreicht, wenn die Katze auf die Kommandos hört, Slalom läuft und erst dann selbstständig auf die Stäbe klettert, wenn Sie es möchten. Bedenken Sie, dass Katzen oft Gedanken lesen können. Wenn Sie unentschlossen sind, selbst nicht genau wissen, was die Katze machen soll, wird sie vermutlich um die Stäbe streichen und schmusen. Bevor Sie mit dem Trick starten, müssen Sie sich über den Ablauf im Klaren sein. Das Ziel ist erreicht, wenn die Katze den Ablauf befolgt, den Sie ihr vorgegeben haben.

Laikas Variante

Auf eine andere Variante hat mich Laika beim Einstudieren des „Über-die-Stäbe-Laufens“ gebracht. Bei den ägyptischen Figuren ist die Slalomstrecke nicht auf einer Geraden, sondern auf einem Oval angebracht. Die Figuren (Stäbe) stehen auf einer

Es ist geschafft, alle vier Pfoten sind auf den Stäben. Meine Signale zeigen aber weiterhin nach oben, damit sie nicht auf die Idee kommt, herunterzuklettern.

ovalen Platte am äußeren Rand, sodass die Katze noch gut Slalom laufen kann. Auf der Innenseite der Figuren ist eine Pyramide, aber auch hier ist genügend Platz für die Katzen. Als ich Laika auf die Stäbe „ziehen“ wollte, hatte sie sich auf den ersten Blick eher ungeschickt angestellt. Sie hatte sich nämlich geweigert, die Hinterbeine mit nach oben zu nehmen. Mit den Vorderpfoten war sie auf den Figuren, mit den Hinterbeinen auf dem Boden. Und in dieser Stellung war sie eine Figur vorwärtsgelaufen. Als ich das gesehen hatte, wusste ich, dass Laika einen neuen Trick zeigen würde. Meine Aufgabe war es nun, sie eine ganze Runde über die Figuren laufen zu lassen, Vorderbeine auf den Figuren, Hinterbeine auf dem Boden. Und sie machte es tatsächlich! An diesem Trick hatte ich besonders Freude, denn die Katze hatte ihn sozusagen erfunden. Und ich bin noch immer etwas stolz, wenn sie in dieser doch etwas ungewöhnlichen Gangart eine ganze Runde, manchmal sogar zwei Runden läuft.

Laika hat ihren Trick selbst erfunden. Statt die Hinterbeine mit auf die Figuren zu stellen, ist sie neben den Figuren hergelaufen.

„Hoch“ oder „Männchen“ machen

Wortlose Verständigung

Das „Hoch“ oder „Männchen“ machen ist einer der spannendsten und aufschlussreichsten Tricks. Die Art und Weise, wie die Katze „hoch“ macht, zeigt vieles über ihren Charakter und auch über die Stellung oder den Rang, den sie in der Gruppe innehat. Bei dieser Übung ist die Verbindung vom Tier zum Tierlehrer, vor allem mit der Leitkatze, enorm intensiv. Aischa, meine Leitkatze, und ich können uns jeweils so verbinden, dass die Katze das Kommando durch Gedankenübertragung ausführt. Sie braucht weder akustische Anweisungen noch Handzeichen. Es durchströmt mich immer eine unglaubliche Freude, wenn es uns gelingt. Ich zeige diese Version des Kommandos nur selten mit Zuschauern. Dazu braucht man viel Geduld, und es geschieht für den Zuschauer lange Zeit nichts, da weder ich noch die Katze sich bewegen. Meistens ändert sich die Energie von den Zuschauern aus. Sie wechselt von „gespannt sein“ zu „Langeweile“. Dieser Energiewechsel unterbricht oftmals unsere Verbindung, und ich muss die ganze Energie von Neuem aufbauen, um eine Verbindung herzustellen. Dafür ist mir dieses Kunststück zu kostbar. Deshalb genieße ich dieses Geschenk, das mir Aischa macht, ganz privat im stillen Kämmerchen, wenn die Katzen und ich für uns allein trainieren.

Vom natürlichen Bewegungsablauf zum Trick

Auch das Männchenmachen ist eine natürliche Bewegung, die die Katze im täglichen Leben oft zeigt. Immer, wenn sie die Vorderbeine anhebt, um etwas in der Höhe zu betrachten oder zu erschnuppern, macht sie „Männchen“. Ihre Aufgabe ist es nun, dieses „Männchenmachen“ zu verlängern und ein Kommando einzuführen. Der Anfang ist einfach. Der Rest liegt an Ihrem Anspruch. Das heißt, wie lange und wie schön es die Katze machen soll, entscheiden Sie. Dauer und Schönheit erreichen Sie durch die Energiearbeit. Diese Energiearbeit für das „Hoch“ muss auch vom Tierlehrer geübt werden, denn es sind am Ende kleine Feinheiten, die entscheiden.

Los geht's

Am Anfang nehmen Sie den Barhocker und den Fleischspieß. Falls die Katze schon länger auf dem Barhocker sitzt und sich entspannt, fast schon schläft oder sich putzt, gehen Sie zu ihr und streicheln sie von Kopf bis zur Schwanzspitze. So wird sie wieder aktiv. Sagen Sie ihr, dass Sie jetzt mit ihr arbeiten wollen und dass sie jetzt aufpassen soll.
Dann gehen Sie einen Schritt vom Barhocker weg und nehmen den Fleischspieß zur Hand. Denken Sie daran, dass die Katze schnell ist. Sie müssen schneller sein.
Sie halten den Spieß zwischen Daumen und Zeigefinger und „malen“ mit ihm ein Häkchen in die Luft. Während Sie den kleinen Abwärtsschrägstrich zum Anlaufholen zeichnen, sammeln Sie Energie. Diese Energie benutzen Sie nun für den Aufwärtsstrich. Teilen Sie Ihre Energie jedoch so ein, dass Sie, oben angelangt, die Energie noch eine kleine Weile halten können. Folgende Worte helfen, es automatisch richtig zu machen. Sagen Sie für die kleine Abwärtsbewegung „uund“ und gehen ohne abzubrechen zu einem lang gezogenen „Hooooooch“ über.

Mit lockerem Aufwärtsschwung

Mit der Abwärtsbewegung lenken Sie die Aufmerksamkeit der Katze auf das Fleisch. Die Aufwärtsbewegung soll sie locken, dem Fleisch zu folgen. Sie wird es auch tun, und zwar mit einer schnellen Angelbewegung. Wundern Sie sich nicht, wenn Sie ein paarmal verlieren.

Aischa ist meine Diva und eindeutig die Leitkatze der Gruppe. Sie ist intelligent, geschickt und aufmerksam, so aufmerksam, dass sie oftmals die Kommandos versteht, ohne dass ich sie aussprechen muss.

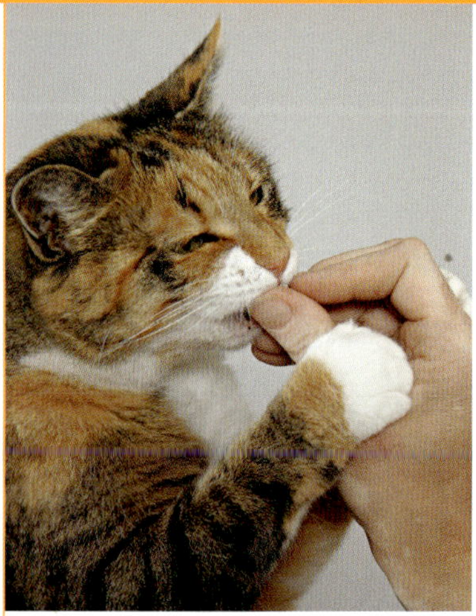

Beim Abholen der Belohnung steht Fatima immer auf den Hinterbeinen. Das Festhalten mit den Vorderpfoten ist allerdings beim „Hoch" machen nicht erlaubt.

Das macht nichts. Einerseits können Sie so das Energieholen im Bewegungsablauf üben, andererseits lernen Sie, den richtigen Abstand zu der Katze einzuhalten. Sie müssen jetzt herausfinden, in welcher Stellung Ihre Katze am besten mit den Vorderbeinen hochkommt. Wenn Sie das Fleischstück zu weit hinter oder über die Katze halten, kann sie kein Männchen machen, da sie sonst zu viel Rückenlage bekäme. Halten Sie das Fleisch zu weit vorn, würde die Katze vom Podest fallen, da sie durch den Vorwärtsschwung die Vorderbeine nicht mehr auf den Barhocker setzen könnte. Wenn Sie das Fleisch zu hoch oder zu weit weghalten, verliert sie das Interesse, da sie es nicht erreichen kann.
Halten Sie es zu niedrig oder zu nah, wird sie sich mit den Vorderpfoten an Ihrer Hand festhalten oder festkrallen und in gemütlicher Ruhe das Fleischstück vom Spieß fressen oder es blitzschnell herunterfischen und dann vertilgen.

Männchen mit Fleischspieß

Wenn es klappt, dass die Katze Männchen macht und einen kleinen Moment in dieser Position verharrt, loben Sie sie. „Braaaav, gut gemacht, braaaaaav!" Nun bekommt sie auch das Fleisch. Während sie frisst, loben Sie sie und streicheln sie weiterhin. Wenn Sie spüren, dass die Katze nicht nur wegen des Fleisches Männchen macht, sondern Ihrer Handbewegung und dem Kommando „Hoooooch" folgt, können Sie versuchen, den Spieß wegzulassen, und Ihren ausgestreckten Zeigefinger benutzen. Sie müssen überzeugt sein, dass sie Männchen machen wird. Zweifeln Sie, dass sie es ohne Fleisch macht, wird sie Ihre Erwartungen erfüllen und sitzen bleiben. Die erste Zieletappe ist erreicht, wenn die Katze Ihrem Finger folgt, ihn fixiert und so lange mit den Vorderbeinen in der Luft bleibt, bis Sie den Finger senken und die Energie loslassen. Voraussetzung ist natürlich auch, dass Sie herausgefunden haben, in welcher Position die Katze am besten Männchen macht, und Ihre Hand in der richtigen Position halten.

Das erste Anzeichen ist das Hochhalten eines Beines. So bringt die Katze die Hinterbeine in Position, um das Gleichgewicht im „Hoch" zu halten.

Die Sache mit dem Handstand

Nehmen wir als Beispiel jemanden, der einen Handstand übt und bei dem Sie Hilfestellung geben. Wenn Sie demjenigen die Beine festhalten, bevor er ganz im Handstand steht, wird er trotz aller Anstrengung, aller Kraft und Energie nicht stehen bleiben können. Halten Sie die Beine erst fest, wenn er bereits im Hohlkreuz ist, also den Schwung schon über die Senkrechte hinaus mitgenommen hat, funktioniert es genauso wenig. Das ist doch klar, werden Sie denken. Ja, bei einem Menschen, der Handstand macht, schon.
Katzen haben mehr Möglichkeiten, sich auf den Hinterbeinen zu halten. Aischa, zum Beispiel, streckt sich so gerade nach oben, dass sie sich auf ihr Hinterteil setzt und die Vorderbeine ganz angezogen und angewinkelt hält, wie ein Hase. Sie kann sehr lange in dieser Position „sitzen“, und so kann sie sich gut auf meine Kommandos konzentrieren und dementsprechend reagieren. Von Aischa erwarte ich, dass sie erst herunterkommt, wenn ich die Energie loslasse und das Ende des „Männchenmachens“ bestimme.

Gleichgewichts- und Koordinationstraining

Und nun auf zur zweiten Zieletappe, das schöne und elegante Hochsitzen, wie es Aischa auf dem Foto so toll vorführt. Vielleicht fällt es Ihrer Katze leicht, weil sie diese Stellung von sich aus bevorzugt. Wenn Sie eher den Katzentyp haben, der wild herumrudert, können Sie noch ein wenig üben. Setzen Sie sich kein Zeitlimit. Niemand kann sagen, ob es einen Tag oder einen Monat dauert, bis es klappt. Unsere Hauptmotivation ist es, die Tiere zu beschäftigen und zu gewährleisten, dass sie aktiv bleiben. Gerade Stubentiger neigen oft nicht nur zu körperlicher, sondern auch zu geistiger Trägheit durch Unterbeschäftigung. Das Hochsitzen ist, besonders für die „Rudertypen“, ein Gleichgewichts- und Koordinationstraining.

Jede Katze hat eine andere Haltung. Den einen fällt es leicht, die anderen müssen ihre Balance und Standfestigkeit länger trainieren.

Die richtige Höhe

Sie stehen noch immer mit relativ geringem Abstand zum Sitzhocker der Katze. Von Vorteil ist es, wenn Ihr Arm mit dem ausgestreckten Zeigefinger mindestens 20 Zentimeter über der Katze ist, und sie bereits Männchen macht. Ist das für Sie zu hoch, sollten Sie wieder ein Stäbchen benutzen. Sitzt die Katze zu tief, wird es mit der Energiearbeit schwieriger. Nicht, weil Sie so viel aufbauen müssen, sondern weil man nur wenig braucht.

Ein Schwung-Beispiel

Stellen Sie sich eine riesengroße Kugelbahn vor. Sie stehen mit einer schweren Kugel, die Sie mit beiden Armen halten müssen, vor der Startbahn. Wenn Sie nun die schwere Kugel hochheben müssen, um sie in Kopfhöhe auf die Bahn legen zu können, damit Sie sie von dort oben anschubsen können, so werden Sie die Dosierung des Anstoßens feiner einstellen können. Wenn Sie die schwere Kugel nur bis knapp über Ihre Knie heben müssen, ist die Gefahr groß, dass Sie der Kugel beim Auf-die-Startbahn-Legen zu viel Schwung mitgeben.

Das hat mit Ihrer Körperhaltung zu tun. Heben Sie einen schweren Gegenstand auf Kopfhöhe, so müssen Sie, wenn er auf Kopfhöhe ist, gerade oder allenfalls leicht in Rücklage stehen. Um nun den Gegenstand vorwärtszustoßen, braucht man den ganzen Körpereinsatz. Der Oberkörper muss nach vorn gewuchtet werden, damit die Arme genug Schwung bekommen, um das Gewicht schräg nach oben von sich stoßen zu können. Heben Sie den Gegenstand nur etwas über Kniehöhe an, um ihn dann vorwärtszustoßen, haben Sie eher die Tendenz zur Vorlage und können mit den Beinen Schwung geben. Wenn Sie in der Vorlage den Schwung abbremsen müssen, brauchen Sie enorm viel Kraft, um die Kugel wieder abzubremsen.

Beim Männchenmachen der Katze ergibt sich aber noch ein überraschender Nebeneffekt. Bleiben wir beim Beispiel mit der Kugel. Sie haben recht, wenn Sie beim Lesen gedacht haben, dass eine Dosierung bei beiden Varianten möglich ist. Das sind Alltagsübungen für uns Menschen. Bereits beim Hochheben weiß ich instinktiv, wie viel Schwung ich der Kugel mitgeben muss. Was würde jedoch passieren, wenn sich das Gewicht der Kugel in der Vorwärtsbewegung (nicht während des Hochhebens) auflöst? Ich für meinen Teil müsste mit meinem Gleichgewicht kämpfen. Habe ich die Kugel auf Kopfhöhe und stehe eher in Rücklage, kann ich den Vorwärtsschwung, der in Richtung schräg nach oben verläuft, kontrollierter abfangen, als einen Schwung nach vorn aus den Beinen heraus.

Rudertypen

Nehmen wir an, Ihre Katze ist ein Rudertyp, wie mein Sabu. Er nimmt die Vorderbeine gut nach oben und rudert dabei. Dadurch hat er immer zu viel Vorlage. Es ist unmöglich,

dass er lange in dieser Position bleiben kann, ohne sich wieder abstützen zu müssen. Da ich aber dennoch möchte, dass er auf mein Kommando hört und sich erst abstützt, wenn ich die Energie loslasse, muss ich gut darauf achten, ob er noch mag oder noch genug Kraft hat. Das Männchenmachen an sich ist für ihn nicht anstrengender als für Aischa, aber länger oben bleiben erfordert bei ihm mehr Kraft, Anstrengung und Geschick.

Noch ein Stückchen höher

Zurück zur Arbeit. Sie fühlen sich wohl, der Abstand zum Hocker und die Sitzhöhe sind abgestimmt. Üben Sie mit der Katze Männchenmachen, wie bei der ersten Zieletappe beschrieben. Versuchen Sie jetzt aber, den Spieß ein Stückchen weiter nach oben zu ziehen, sodass die Katze ihre Vorderbeine höher strecken muss. Die ganze Katze reckt sich dabei. Sie muss auch die Hinterbeine langmachen, um gerade nach oben zu können. Nehmen Sie sich Zeit, das vorsichtig zu üben. Katzen, die eher Vorlage haben, fühlen sich nicht so sicher, wenn sie sich strecken müssen. Auch wir Menschen sind in der Hocke stabiler als auf Zehenspitzen.

Die Katze bekommt ihre Belohnung also möglichst weit oben und wird sehr gelobt. Sie können gut erkennen, wenn die Katze stabil steht. Ihre Hinterpfoten suchen sich nämlich die perfekte Stellung, um sich aufrecht zu halten. Solange die Katze die richtige Stellung suchen muss, indem sie öfter „tippelt“, und zur Korrektur die Vorderpfoten abstellen muss, sollten Sie noch keinen Schritt weitergehen. Von dem Moment an, in dem sich die Katze kurz positioniert und dann sicher hochkommt, ist es Zeit weiterzugehen.

Für Sabu ist das „Männchen machen“ keine einfache Angelegenheit. Er steht auf den Hinterbeinen und muss immer von Neuem sein Gleichgewicht suchen.

Sabu hat eine eigene Technik entwickelt, die sein „Hoch“ von den andern unterscheidet. Er rudert mit den Vorderpfoten und ist ständig in Bewegung.

Aischa hat für sich eine bequemere und elegantere Art gewählt. Sie setzt sich ganz gerade hin, hebt die Vorderpfoten und bleibt in dieser Stellung bewegungslos sitzen.

Ein schönes Sitz

Die Vorbereitungen sind getroffen. Die Katze macht ein relativ gerades Männchen ohne viel Vorlage. Jetzt benötigen Sie viel Feingefühl. In dem Moment, in dem die Katze an der höchsten Stelle angelangt ist, ziehen Sie das Stäbchen noch ein kleines Stückchen höher und machen dabei einen kleinen Schritt nach vorn, also auf die Katze zu. Das Stäbchen wandert so, aus Sicht der Katze, im Bogen über ihren Kopf. Folgt die Katze dem Fleisch auf dem Stäbchen ganz korrekt, so wird sie „rückwärtsgedrückt“. Sie hat jetzt nur wenige Möglichkeiten, ihr Gleichgewicht zu halten. Entweder sie folgt ihm nicht und stellt die Vorderbeine wieder ab, oder sie hat zu viel Schwung nach hinten, sodass sie sich abwenden muss, um dann ihre Vorderbeine wieder abzustellen. Optimal ist es, wenn diese Rückwärtsbewegung so dosiert ist, dass sie sich setzt.

Ich versuche, Laika das „Hoch“ im Sitzen schmackhaft zu machen.

Vorsicht, Rückenlage!

Für dieses Hinsetzen muss alles stimmen. Deshalb haben Sie Geduld mit sich. In dem Moment, in dem die Katze in Rücklage gerät, stößt Ihre Tierlehrerinnenenergie auf keinen Widerstand mehr. Dann kommt auch ein leichter Druck nach hinten einem Stoßen gleich.
Auch wenn Sie in Rücklage geraten sind, ist es ein Leichtes, Sie umzustoßen. Bereits ein sanftes Antippen genügt, um Sie aus dem Gleichgewicht zu bringen. Je heftiger der Stoß ist, umso aktiver versuchen Sie, sich zu retten. Man benötigt deshalb ein ausgesprochen gutes Feingefühl und großes Vertrauen, das die Katze in Sie haben muss. Die Katze muss sich führen lassen, und das, obwohl sie von Ihnen um Haaresbreite aus dem Gleichgewicht gebracht wird.
Die zweite Etappe ist erreicht, wenn die Katze beim „Männchenmachen“ auf den Hinterbeinen sitzt. Wenn dies gelingt, dürfen Sie stolz auf sich und Ihre Katze sein. Es erfordert sensible Energiearbeit, Einfühlungsvermögen und großes Vertrauen. Ich wünsche Ihnen, dass Sie dasselbe Glücksgefühl erleben wie ich, wenn ein so spannender Trick gelingt.

Männchen machen ohne Fleisch
Die dritte Etappe wartet auf Sie. Noch haben Sie den Spieß mit dem Fleisch oder das Fleisch zwischen Zeigefinger und Daumen. Jetzt ist es Zeit, das Fleisch wegzulassen. Die Katze weiß, was zu tun ist, und soll nun auf Ihre Handzeichen und verbalen Kommandos reagieren. Auch bei dieser Umstellung liegt der Schwierigkeitsgrad bei Ihnen. Falls man nämlich etwas mehr Energie benötigt, um die Katze „hochzuziehen“, wird die Dosierung für das „Rückwärtsdrücken“ wieder heikler. Je nachdem, wie genau die Katze verstanden hat, was Sie von ihr wollen, wird sie sich auch von sich aus setzen.

Aus Entfernung
Die Katze kennt jetzt die Kommandos, sie weiß, was Sie von ihr wollen, und sie kann die Aufgabe vom Körper her erfüllen. Dann können Sie den Schwierigkeitsgrad noch steigern, indem Sie die Kommandos aus größerer Entfernung geben. Um das Ziel schnell und sicher zu erreichen, sollten Sie sich nur langsam, in kleinen Schritten entfernen. Eine Fußlänge pro Durchgang genügt.
Sobald die Katze unsicher wird oder nur noch zögerlich arbeitet, verweilen Sie bei dieser Distanz, bis beide, Sie und auch die Katze, die Sicherheit wiedergefunden haben.
Das Etappenziel ist erreicht, wenn Sie aus ca. zwei Meter Entfernung die Katze zum Männchenmachen motivieren können. Sensationell wird es, wenn sich die Katze auf Ihr Kommando aus dieser Entfernung hinsetzt und die Vorderbeine in der Höhe behält, bis Sie die Spannung reduzieren. Das gehört für mich zur Meisterleistung bei der Arbeit mit Katzen.

Alle Katzen machen „Hoch“
Ich persönlich habe ein weiteres Etappenziel. Ich möchte, dass alle Katzen gleichzeitig „Männchen“ machen, wenn ich das Kommando von der Mitte aus gebe. Momentan bin ich noch weit von diesem Ziel entfernt. Aber ab und zu gelingt es mir, dass drei Katzen vom gleichen Sitzpodest gleichzeitig „Hoch“ machen. Dann bin ich superglücklich. Der nächste Schritt wäre, dass sie etwas länger oben bleiben. Aber die Energie auf alle drei Katzen zu verteilen ist nicht einfach.

Die Katzen kennen nun das Kommando und jede für sich beherrscht das „Hoch“ machen. Mein „hoch“-gestecktes Ziel ist es, dass alle Katzen gleichzeitig „Männchen“ machen.

Vor allem, wenn alle unterschiedlich viel Energie brauchen. Wenn ich einer mehr Energie schicke, um sie zu unterstützen, passiert es schnell, dass ich den anderen zu viel Energie wegnehme. Diese fühlen sich dann allein gelassen und vor allem nicht mehr angesprochen. Dann stellen sie die Vorderpfoten wieder ab. Sie sehen, auch ich habe noch viel zu tun. Aber ich freue mich darauf.

Lauter Individualisten

Das Interessante bei der Arbeit mit den Tieren ist, dass jedes Tier anders ist, anders reagiert, schneller oder langsamer versteht, leichter oder schwieriger zu motivieren ist. Genauso, wie es bei uns Menschen auch ist. Wenn man dann noch die verschiedenen Charaktere der Tiere und der Tierlehrerinnen berücksichtigt, entstehen die verschiedensten Varianten. Eine temperamentvolle Tierlehrerin, die eine temperamentvolle Katze hat, muss an anderen Dingen arbeiten als eine Tierlehrerin, die die Ruhe selbst ist und einer eher trägen Katze etwas beibringen will. Wenn die Katze träge, die Lehrerin dafür temperamentvoll ist, benötigt man wieder eine andere Herangehensweise und umgekehrt. Treffen unterschiedliche Charaktere aufeinander, kommt der Faktor Geduld mehr zum Tragen. Es ist durchaus möglich, dass ein Trick, der mir eher leicht erscheint, bei Ihnen und Ihrer Katze nur mühsam funktioniert, ein anderer hingegen viel einfacher ist als angenommen.

Säule erklimmen

Oftmals höre ich von Leuten, dass Katzen eigenwillig sind und auf niemanden hören. Ich stimme allen zu, die sagen, dass sie eigenwillig sind, ja. Aber dass Katzen auf niemanden hören, das wollte ich mit meiner Nummer dementieren. Katzen sind nicht so folgsam und unterwürfig wie Hunde. Aber sie verstehen, was von ihnen verlangt wird, und können ihren Auftrag selbstständig erfüllen. Mit dem Säulentrick konnte ich das veranschaulichen.

Die Säulen

Da ich bei meiner ersten Katzennummer auf einem Tisch gearbeitet hatte, konnte ich entsprechend Requisiten draufstellen, oder, wie bei den Säulen, draufstecken.

Die Säule bietet der Katze genug Halt, um mithilfe der Krallen das Sitzplateau ganz oben zu erreichen.

Die zwei äußeren Säulen waren ca. einen Meter hoch, die mittlere ein Meter zwanzig. Beide Säulenarten hatten oben eine Sitzfläche von der Größe der Sitzpodeste der Katzen. Die äußeren Säulen konnte ich als Sprungsäulen anstelle der Barhocker verwenden. Für die mittlere Säule hatte ich mir einen besonderen Schlusstrick vorbehalten.

An die Säulen gewöhnen

Ich hatte zwei Katzen, die unterschiedliche Tricks auf den Säulen zeigen sollten. Mein „Problem" war, dass die Säulen, wenn sie auf den Tisch gesteckt wurden, zu hoch für mich waren, um die Katzen schön auf die Sitzfläche zu stellen. Die Katzen mussten auf andere Weise auf die Säulen gelangen.
Für das „Wie" blieb mir ein wenig Überlegungszeit, da ich die Katzen zuallererst an die Säulen gewöhnen musste. Das erste Mal stellte ich einfach einen Schemel auf den Boden, auf den ich mich stellen konnte. So war meine ganze Aufmerksamkeit bei der Katze auf der Säule. Ich konnte sie bequem streicheln und mit dem Säulenpodest vertraut machen. Da die meisten Katzen die Höhe lieben, dauerte die Gewöhnung nicht lange. Die Katzen mussten lernen, dass die Spielregeln auf der Säule die gleichen waren wie auf dem Sitzpodest: Sie durften nur hinunterklettern, wenn sie das entsprechende Kommando dafür erhielten.
Bei der neuen, ägyptischen Katzennummer sind die Säulen in den Thron eingebaut. Der Trainingsablauf und die Frage „Wie kommt die Katze auf die Säule?" waren die gleichen.

Das Erklimmen der Säulen ist meistens ein „Vortrick". Der eigentliche Trick beginnt erst auf dem Plateau.

Ich trage die Katze zu der Säule und lasse sie dann selbstständig von mir zur Säule wechseln.

Der richtige Duft?

Noch eine Beobachtung ist wichtig: Egal welche Katze oder welches Podest an der Reihe war, alle Katzen schnuppern zuerst an dem Podest, bevor sie mit dem Trick beginnen. Da die Nase beim Menschen kein vorrangiges Sinnesorgan ist, vergessen wir oft, welche Rolle der Geruchssinn bei den Tieren spielt. Stimmt der Duft, bedeutet das Wohlfühlen und vor allem Sicherheit. Stimmt der Duft nicht, so ist die Katze abgelenkt, und es ist für sie viel schwieriger, sich zu konzentrieren. Ich lasse den Tieren gern ein paar Sekunden Schnupperzeit, damit es nachher leichter ist, ihre ganze Aufmerksamkeit zu gewinnen.

Selbst gebaute Säulen

Nun sind Sie wieder an der Reihe. Ist Ihre Säule bereit? Es gibt, wie Sie sicher wissen, verschiedene Katzenbäume mit Säulen. Es ist aber auch nicht schwer, selbst eine Säule zu bauen.

Sie können dafür eine leere Teppichrolle benutzen. Des Weiteren benötigen Sie eine Schnur oder ein dünnes Seil. Wickeln Sie das Seil eng um die leere Teppichrolle, die Sie zuvor auf die richtige Länge gekürzt haben. Ich habe das Seil immer wieder mit Heißkleber festgeklebt, damit es nicht auf der Rolle herumrutscht.
Die Säule muss standfest sein. Ich empfehle Ihnen ein quadratisches Brett, auf dem Sie in der Mitte eine Art Zapfen befestigen. Der Zapfen sollte möglichst genau dem Innendurchmesser der Teppichrolle entsprechen, sodass sie drübergestülpt werden kann, ohne viel Spiel zu haben. Je mehr Bewegung der Zapfen in der Rolle hat, um so wackeliger wird die Säule, vor allem, falls Sie sie auch als Springsäule verwenden wollen. Durch die Wucht des Abstoßes beim Absprung kann der Zapfen die Röhre immer mehr von innen her beschädigen. Auf der oberen Seite wird ein Sitzpodest angebracht.
Das Brett muss die Größe einer Sitz-

Zielstrebig klettert sie nach oben und meistert gekonnt den Übergang von der Säule zum Sitzplateau.

fläche haben, darf aber nur so groß sein, dass die Katze von der Säule aus auf die Sitzfläche gelangen kann. Überzeugen Sie sich, dass die Säule nicht kippen kann, denn das sollte unbedingt vermieden werden.

Verschiedene Möglichkeiten

Die Säule steht. Die Katze hat auch schon des Öfteren darauf Platz genommen und fühlt sich auf dem neuen Platz mit Aussicht wohl. Ihr Ziel ist es nun, die Katze nicht mehr eigenhändig auf die Säule zu setzen, sondern sie hochklettern zu lassen. Ich hatte im Ganzen vier Katzen, die an der Säule gearbeitet haben, und jede ist auf eine andere Art nach oben gelangt. Zuerst erkläre ich die beiden Möglichkeiten, wie die Katze vom Arm des Tierlehrers zur Säule gelangt.

Ran an die Säule

Voraussetzung ist, dass sich die Katze gern tragen lässt. Nehmen Sie die Katze von ihrem Sitzpodest oder Barhocker auf den Arm. Während Sie in Richtung Säule gehen, bereiten Sie sich so vor, dass die Katze mit allen vier Pfoten an die Säule gelangen kann. Das heißt, die linke Hand stützt die Katze bei den Vorderbeinen, indem Sie von der Bauchseite her das Brustbein halten. So kann die Katze die Vorderbeine nach Belieben bewegen und fühlt sich in ihrer Bewegungsfreiheit nicht eingeschränkt. Die rechte Hand bietet eine Art Sitzgelegenheit beziehungsweise eine Abstoßmöglichkeit für die Hinterbeine.
Wenn Sie nun vor der Säule stehen, befindet sich die Katze mit dem Rücken zu Ihnen, ihr Blick und die Beine zeigen in Richtung Säule. Nun führen Sie die Katze so an die Säule, dass die Vorderbeine die Säule zuerst berühren und sich festkrallen können. Dann treten Sie so nahe an die Säule, dass die Katze von Ihrem Arm an die Säule klettern kann. Sie dürfen gern mithelfen und mit der Bewegung mitgehen.

Alle Wege führen nach oben

In der Regel klettert die Katze jetzt selbstständig nach oben. Es kann vorkommen, dass sie am Anfang nicht weiß, was sie tun soll. Dann bleibt sie wie eine Eidechse an der Säule „kleben" und überprüft auch die Möglichkeit nach unten zu klettern beziehungsweise zu springen. Um dies möglichst zu vermeiden, müssen Sie versuchen, all Ihre Gedanken nach oben auf die Säule zu richten. Helfen Sie der Katze, indem Ihre Bewegungen nach oben zeigen. Lassen Sie auch Ihre Arme nach oben wandern. Wenn es nötig ist, können Sie mit Ihren Fingern auf dem Sitzpodest kratzen, um die Aufmerksamkeit auf diesen Platz zu lenken. Mit den Worten „Aaaaauuuf, aaaaauuuf" fließt die Energie nach oben. Verwenden Sie das Wort „Aaaaaauuuf" immer dann, wenn die Katze hinaufsteigen soll. Nach wenigen Versuchen wird der Übergang von der Säule zur Sitzfläche für die Katze kein Problem mehr sein.

Sicherheit bieten

Das Ziel ist erreicht, wenn die Katze beim Anblick der Säule weiß, dass sie hinaufklettern soll, und dies auch ohne zu zögern tut. Ich gebe Ihnen noch einen Tipp, der mir im Verlauf meiner Tierlehrerinnenlaufbahn schon oft geholfen hat. Wenn Sie ein Tier, in diesem Fall Ihre Katze, halten, so halten Sie sie sicher. Überlegen Sie sich, bevor Sie sie hochheben, wie Sie sie halten wollen, und dann tun Sie es! Wenn die Katze an die Säule muss, machen Sie es in einem Zug. Beim nächsten Mal können Sie die Haltung korrigieren. Wenn Sie während des Ablaufs unsicher werden, zögern oder gar abbrechen, so verunsichern Sie damit die Katze mehr, als wenn es etwas „verkorkst" geht. Ihre Sicherheit bietet dem Tier Sicherheit. Wenn Sie nicht wissen, wie Sie es machen sollen, wie soll es dann die Katze wissen? Überlegen Sie, was Sie tun, bevor Sie es tun. Wenn Sie mit einer Sache beginnen, führen Sie sie auch zu Ende. Erst nach Abschluss der Handlung können Sie Ihre Lehren daraus ziehen.

Die zweite Möglichkeit

Die zweite Variante, die Säule hochzuklettern, kann als Steigerung der zuvor gelernten Methode geübt werden. Die Position ist die gleiche, Sie starten vom Sitzpodest aus und tragen die Katze zur Säule. Neu ist, dass Sie die Katze diesmal nicht mehr an die Säule setzen. Dieses Mal soll sie selbstständig an die Säule springen und bis nach oben klettern. Da die Katze die Säule und das Hinaufklettern bereits kennt, weiß sie, was von ihr erwartet wird.

Über die Schulter geschaut

Wenn Sie nun die Katze vom Podest nehmen, halten Sie sie so, dass die Vorderpfoten auf Ihrer Brust ruhen, die Katze auf Ihren anliegenden Armen sitzt und Sie dabei ansehen kann. Bestimmt kennen Sie diese Haltung bereits, denn viele tragen ihre Katze so bequem auf dem Arm sitzend. Treten Sie nun dicht an die Säule, sodass Sie die Säule im

Rücken haben. Lassen Sie nun die Katze auf Ihre Schulter klettern, indem Sie sie mit den Armen etwas nach oben heben. Jetzt steht die Katze auf Ihrer Schulter und blickt direkt auf die Säule. Versuchen Sie nun, die Katze dazu zu motivieren, dass sie auf die Säule springt.
Auf Ihrer Schulter darf es jetzt nicht mehr bequem sein. Bewegen Sie sich. Am besten wippen Sie auf und ab. Holen Sie Schwung, um der Katze den Absprung zu erleichtern. In dem Moment, in dem Sie wieder nach oben wippen, sagen Sie: „Und aaauuuf!“ Sie müssen so dicht an der Säule stehen, damit diese die einfachste Ausweichmöglichkeit für die Katze ist, um von Ihrer wackligen Schulter zu gelangen. Sobald die Vorderpfoten an der Säule sind, loben Sie die Katze. „Braaaav, gut gemacht, jetzt noch ganz nach oben, und aaaaauuuuf, und aaaauuuf!“ Falls sie die Hinterbeine nicht mitnimmt, helfen Sie nach. Ist die Katze erst mal an der Säule, wird sie sie hochklettern, da sie die Übung bereits kennt.

Mit Worten unterstützen

Das Ziel ist erreicht, wenn die Katze ohne große Aufmunterung auf Ihre Schulter klettert und die Säule anvisiert. Sie haben einen effektvollen Trick eingeübt, wenn die Katze aus einem halben Meter Abstand an die Säule springt, ohne dass Sie wippen. Die verbale Aufforderung sollten Sie nicht vergessen, ebenso wenig das Lob. Es passiert schnell, dass wir Menschen ohne die sprachliche Hilfe

Laika zeigt eine weitere Möglichkeit, das Sitzplateau zu erreichen. Von meiner Schulter aus bringt sie sich in Position, um mit einem Sprung direkt oben zu landen.

den Energiefluss nicht aufrechterhalten können. Nicht selten ist mit dem Wortende auch die energetische Unterstützung zu Ende. Da gerade Katzen sensibel auf Energie reagieren, verwirrt es sie oft und sie vergewissern sich durch einen Blick, dass der Auftrag noch nicht zu Ende ist. Manchmal lenkt sie aber auch etwas anderes ab. Da sie energetisch alleingelassen wurden, hält sie auch niemand auf, ihren eigenen Gedanken und Inspirationen zu folgen. Wenn die Katze ihre Übung also vor dem Ende abbricht oder sich ablenken lässt, sollten Sie sich überlegen, ob Sie sie noch bis zuletzt begleitet haben.

Vom Tisch aus

Ich habe die Katzen immer gern auf den Tisch gesetzt und sie dann für ein paar Momente „allein" gelassen. Sie durften frei darauf herumlaufen, ohne Auftrag und ohne energetische Verbindung. Meistens kuschelten sie sich dann schnurrend um die Säulen, rieben intensiv den Kopf daran und waren ganz in ihr Verschmustsein vertieft. Am Anfang war es stets eine Herausforderung, sie vom Schmusen abzulenken, ihre Aufmerksam auf mich zu lenken und ihnen dann den Auftrag zu vermitteln, die Säule hochzuklettern.

Spannung aufbauen

Für das Säuleklettern vom Tisch aus war der Fleischspieß mein wichtigstes Arbeitsinstrument. Mit dem Leitertrick konnte ich die Fertigkeit, den Spieß zu führen, gut trainieren. Fisto, eine der beiden schwarzen Katzen meiner ersten Nummer, musste vom Tisch aus über eine Leiter auf die Säule klettern. Es war eine gewöhnliche Sprossenleiter, zehn Zentimeter breit und so lang, dass ich sie in einem Winkel von ca. 30° an die Säule lehnen konnte.

Meine Katzen mochten den Tisch. Nachdem sie ihn erkundet hatten, waren sie bereit für neue Tricks.

Genug Rindfleischstückchen, und mindestens zwei Holzspieße warteten in meiner Futtertasche auf ihren Einsatz.
In der Anfangsphase setzte ich Fisto auf den Tisch, versuchte aber immer, bei ihm zu bleiben. Er sollte wissen, dass die Arbeit noch nicht zu Ende war. Ich sprach immerzu mit ihm, während ich den Fleischspieß aus der Tasche fischte. „Braaaaver Fisto, ja, jetzt werden wir bald die Säule hochklettern. Bist du schon bereit? Es geht gleich los, ich muss nur noch den Fleischspieß herausholen. Du brauchst schließlich eine Belohnung, wenn du oben bist, oder?" Usw. Um seine ganze Aufmerksamkeit zu bekommen, streichelte ich ihn nochmals bewusst vom Kopf bis zur Schwanzspitze. „Braaaver Fisto, und nun aufpassen!" Während dieser Streicheleinheiten baute ich meine Energie so auf, dass zwischen uns eine Art Spannung entstand. Wenn mich Fisto dann gespannt und voller Tatendrang ansah, wusste ich, dass er nun bereit war und gebannt auf seine Aufgabe wartete.

Gebrauchsanleitung für Katzen

Der Fleischspieß fungierte als eine Art Gebrauchsanleitung. Ich hielt den Spieß so, dass Fistos Nase die Witterung vom frischen Fleisch aufnehmen konnte. Dabei achtete ich darauf, dass er das Fleischstückchen auch sehen konnte. Dann wies ich ihm mit dem Fleischspieß den Weg. Bis zur Leiter war es einfach. Ich musste nur darauf achten, dass die Katze einen so großen Bogen lief, damit sie möglichst gerade auf die Leiter zugehen konnte. Da Fisto nicht wusste, dass er die Leiter hochklettern sollte, stellte er nur die Vorderbeine auf die Sprossen. Ich versuchte, ihn weiter nach oben zu locken, und hielt den Spieß so hoch, dass er hätte aufsteigen müssen. Für Fisto war der Weg jedoch zu Ende und das Fleisch zu hoch. Doch so schnell würde er nicht aufgeben. Blitzschnell versuchte er, sich den Leckerbissen zu angeln.
Ich war, vor allem am Anfang, oft nicht schnell und hoch genug, denn einer solchen Geschwindigkeit, in der die krallenbesetzte Pfote ohne Anzeichen nach oben schnellte, war ich nicht gewachsen. Auch die Distanz war schwer einzuschätzen, denn eine Katze, die sich von den Hinterbeinen an bis zur Vorderpfote streckte, erschien mir doppelt so lang. Ich musste erst das Maß der Dinge herausfinden.

Anfangs brauchte Fisto noch den Fleischspieß, um auf die Säule zu klettern, aber bald hatte er verstanden, was ich von ihm wollte.

Eine Schwierigkeit kam hinzu. Damit Fisto merken konnte, was zu tun war, musste ich versuchen, die verbalen Kommandos ins Geschehen einzubauen. Während ich also versuchte, das Fleischstück auf dem Spieß zu behalten, musste ich gleichzeitig jedes Mal „Braaaav, Fisto, ja komm, braaav" sagen, wenn er seine Pfoten auf die Leiter stellte. Noch eindrücklicher musste mein Lob sein, wenn er auch die Hinterbeine auf die Leiter stellen wollte. Das war auch der Moment, in dem er die Belohnung bekam. So „arbeiteten" wir weiter, bis er immer höher auf die Leiter stieg.

Mit Schwung auf die Leiter

Nun war es meine Aufgabe, seine Aufmerksamkeit auf den Trick zu richten. Ich wollte, dass ihm bewusst wird, was er tun beziehungsweise wohin er gehen sollte. Für ihn würde es einfacher sein, die Leiter mit etwas Anlauf oder Schwung zu erklimmen, als stockend Stufe um Stufe auf den schmalen Tritten balancierend nach oben zu klettern. Er sollte selbstständig und in seinem Tempo hinaufklettern, ohne dass ich mit meinen Händen nachhalf. Hier war Energiearbeit gefragt.
Wie beim „Männchenmachen" benutzte ich das „Uuuund aaaaaaauf, aaaaauf, aaaaaauf". Das „Uuuuund" steht für den Anlauf vor der Leiter. Das Kommando „Aaaaaauf" war Begleiter für den Aufgang auf die Leiter. Oben auf der Aussichtsplattform gab es dann die verdiente Belohnung und viel Lob.

Hilfsmittel abbauen

Jetzt kannte Fisto den Weg. Er wusste, dass er über die Leiter nach oben konnte. Nun war es an der Zeit, den Fleischspieß zu ersetzen. Zwei-, dreimal hielt ich das Fleischstückchen zwischen Daumen und Zeigefinger, dann musste er lernen, dem ausgestreckten Zeigefinger zu folgen. Ich hielt den Zeigefinger so, dass er ihm folgen konnte, als wäre er der Fleischspieß. Allmählich vergrößerte ich den Abstand zwischen Hand und Katze. Die Energiearbeit durfte aber nicht nachlassen. Ich musste die Katze mit meinen Gedanken und Worten immer bis nach oben begleiten. Anders als zum Beispiel auf dem Stab oder auf der Slalomstrecke hat die Katze auf dem Weg nach oben viele Ausweichmöglichkeiten. Sie kann umdrehen, stehen bleiben oder an der Leiter vorbeigehen. Sie hat auch keinen Grund, mühsam die Leiter hochzuklettern, wenn sie nicht begleitet wird.
Als der Trick eingeübt war, wechselte ich ganz allmählich zu einer eleganteren Form der Handhaltung. Ich begleitete die Katze jedoch immer verbal und ging die Strecke mit ihr mit, wenn auch in größerem Abstand zum Tisch. Auch das Schwungholen und Mitnehmen auf die Leiter war letztendlich in meiner Choreografie enthalten.

Zweite Variante mit Tisch

Die zweite Variante, vom Tisch aus auf die Säule zu klettern, können wir nun gemeinsam üben. Man braucht neben der Säule und dem Tisch kei-

ne weiteren Requisiten. Zu Beginn benötigen wir die Belohnung und den Fleischspieß.
Setzen Sie die Katze auf den Tisch. Dort darf sie einen Moment herumlaufen. Wenn Sie in liebevollem Ton mit ihr reden, ihr sagen, wie gut sie es macht, wie schön und elegant sie sei und wie toll sie alles lernt, wird sie sich wohlig schnurrend an die Säule schmiegen und an ihr entlangstreichen. In der Zwischenzeit bewaffnen Sie sich mit dem Fleischspieß.
Sie und die Katze sind entspannt und locker. Nun gilt es, Spannung aufzubauen. Die Katze braucht genug Energie, um die Säule zu erklimmen. Bleibt sie entspannt, wird sie nicht hochklettern. Über Worte können Sie mit der Motivationsarbeit beginnen. Ein solcher Monolog kann wie folgt lauten: „Braaaav, gut machst du das! Ganz braaav. Jetzt müssen wir aber anfangen. Guuut so, braaaav. Schön aufpassen. Braaaav. Und aufpassen. Ja, ja komm, aufpassen." Während solcher Worte müssen Ihre Stimme und Ihre Stimmung immer intensiver werden. Sie sollten so gespannt sein, dass Sie vom Gefühl her selbst eine Stange hochklettern könnten. Zumindest hätten Sie genug Motivation dazu, und genügend Überzeugung!

Die Spannung steigt

Wenn Sie spüren, dass sich die Katze konzentriert und bereit für ihre Aufgabe ist, zeigen Sie ihr den Fleischspieß. Sie halten diesen an der Säule so hoch, dass die Katze die Nase ganz nach oben strecken muss, um den leckeren Fleischgeruch zu genießen. So geben Sie ihr einen Richtungswechsel vor. Wenn die Katze an das Fleisch gelangen will, muss sie „Männchen" machen. Das bedeutet, dass sie ihre Vorderbeine an die Säule lehnt.

Am selbstständigsten arbeitet Aischa. Ich setze sie neben der Säule auf das Requisit und lasse ihr Zeit, allein ihre Aufgabe zu erfüllen.

Aus ungefähr drei Metern Entfernung motiviere ich sie mit meiner Stimme, dem Kommando und einer Handbewegung, die Säule zu erklimmen.

Geben Sie ihr dort das Fleisch und loben Sie sie. Dadurch setzen Sie ein klares Signal: Wenn du dich nach oben reckst, bekommst du eine Belohnung. Anschließend darf die Katze wieder auf den Tisch zurück und Sie nehmen sie sofort auf den Arm und tragen sie auf ihren Sitzplatz zurück. Wiederholen Sie die Übung bis zu diesem Punkt noch einige Male, bis Sie spüren, dass die Katze nun weiß, dass es oben, in ausgestreckter Haltung die Belohnung gibt.

Mit Tempo

Um die Säule weiter hochklettern zu können, braucht die Katze, wie schon bei der Leiter, etwas mehr Schwung oder Anlauf. Beginnen Sie mit dem Spannungsaufbau, wenn die Katze etwas Abstand von der Säule hat. Da sie bereits weiß, dass es an der Säule eine Belohnung geben wird und ihr der Fleischspieß die entsprechende Richtung weist, werden Sie keine Mühe haben, die Geschwindigkeit zu erhöhen. Stellen Sie sich kurz vor der Säule vor, selbst abzuspringen. Mit dieser Energie führen Sie nun die Häkchenbewegung, schön im Fluss bleibend, aus. Das Kommando „Und auf“ muss gleichzeitig ertönen. Das „Und“ steht für das In-die-Knie-Gehen, das kurz gesprochene „Auf“ für den Absprung. Dementsprechend „schnellt“ auch der Fleischspieß nach oben. Vielleicht benötigen Sie einige Anläufe, bis das Timing zwischen Ihnen und Ihrer Katze stimmt. Haben Sie Geduld!

Säulengänger sind im Vorteil

Einen Vorteil haben Sie, wenn die Katze das Säulenklettern gelernt hat. Wenn Sie sie schon öfter vom Arm aus an die Säule gelassen haben und die Katze daran hochgeklettert ist, ist die halbe Arbeit bereits getan. Es muss Ihnen nur gelingen, dass die Katze vom Tisch aus an die Säule springt und sich mit allen vieren festhält. Danach kennen sowohl die Katze als auch Sie den weiteren Ablauf, der sich vielleicht schon automatisiert hat. Wenn Sie den Säulenaufgang noch nicht mit der Katze

geübt haben, empfehle ich Ihnen, diesen ersten Schritt nachzuholen. Es lohnt sich, denn Sie werden schneller zum Erfolg kommen. Wenn die Katze oben angelangt ist, können Sie sich beide für einen Moment entspannen. Die Fleischbelohnung sollte jedoch nur ein Teil des Lobes sein. Zeigen Sie ihr Ihre Freude und Ihren Stolz, das Ziel erreicht zu haben. Es war ein hartes Stück Arbeit und es wird sich noch einige Male wiederholen, bis der Trick sitzt.

Echte Freude zeigen

Sie sollten sich immer freuen, wenn etwas gelingt. Freuen Sie sich so, dass auch Ihre Katze an Ihrer Freude teilhaben kann. Freude ist eine wunderbare, schöne Energie. Die Energie der Freude ist frei, ohne Zwang, ohne Kommando, ohne ein „Ziehen“ oder „Stoßen“, einfach ein Genuss. Während der Proben sind Sie es, die positive Energie für das Gelingen des Tricks übermittelt. Während eines Auftritts sind es auch die Zuschauer durch ihren Applaus.

Das beantwortet auch die häufig von den Zuschauern gestellte Frage, ob die Katzen nicht Angst vor dem Applaus haben. Haben Sie nicht, denn er bedeutet Freude, Staunen, Bewunderung, also reine positive Energie. Natürlich sollte der erste Applaus, den die Katzen erhalten, nicht gerade aus einem großen Raum voller Leute sein. Die ersten Auftritte sollten immer im kleinen Rahmen stattfinden. Wenig Leute, die viel Freude haben und applaudieren. Die Katze wird staunen, das neue Geräusch wahrnehmen und als positiv einordnen. Es spielt nicht so sehr eine Rolle, wie sich das Geräusch anhört, als herauszufinden, mit welcher Energie das Geräusch auf einen zukommt.

Lassen Sie sich Zeit

Aber nun zurück zu Ihrer eigentlichen Aufgabe. Das erste Etappenziel ist erreicht, wenn Sie die Katze auf dem Tisch absetzen und die Aufmerksamkeit des Tiers auf sich lenken können, sodass die Katze trotz der großen Fläche, die ihr zur Verfügung steht, auf Sie achtet. Anschließend klettert sie mithilfe des Fleischspießes an der Säule hoch bis zur Sitzfläche. Lassen Sie sich Zeit, bis die Übung wirklich sitzt. Es ist auch eine wichtige Vorübung für Sie, denn ohne Fleischspieß ist es reine Energiearbeit. Achten Sie auf Ihr Handeln und auf Ihre Bewegungen. Versuchen Sie herauszufinden, wie Sie die Katze beim Hinaufklettern unterstützen könnten, ohne Fleisch zu benutzen.

Mit Energie die Säule hoch
Die letzte Etappe wird nicht einfach, dafür jedoch recht spannend, denn dieser Trick steht und fällt mit dem Tierlehrer. Der Anfang ist wie gehabt. Setzen Sie die Katze auf den Tisch. Dort darf sie einen Augenblick herumlaufen. Wenn Sie in liebevollem Ton mit ihr reden, ihr sagen, wie gut sie es macht, wie schön und elegant sie sei und wie toll sie alles lernt, wird sie sich wohlig schnurrend an die Säule schmiegen und an ihr entlangstreichen.
Bauen Sie langsam und stetig immer mehr Energie in sich auf. Füllen Sie die Worte mit Enthusiasmus und Begeisterung. Glauben Sie daran, dass die Katze allein die Säule hochklettern wird. Sie kann es, da gibt es keinen Zweifel. Und Sie können es auch! Auch daran dürfen Sie nicht zweifeln. Wenn Sie Zweifel haben, übertragen Sie Ihre Unsicherheit auf die Katze. Wenn Sie jedoch zweifelsfrei wissen, dass sie es kann, wird sie es auch tun. Ganz sicher!

Der richtige Moment
Die Katze wird auch ihren Kopf an der Säule reiben. Wenn sie von der Nase über die Schnauzhaare, die Backen, bis zum Hals streicht, hält sie am Anfang den Kopf mit Blick nach oben. Das ist Ihr Moment. Wenn die Katze nach oben schaut und ihr eigenes Tun nach oben gerichtet ist, kann sie die Säulensitzfläche am besten ins Visier nehmen. Dann braucht sie nur noch ein bisschen Motivation, Energie, die nach oben fließt, die gewohnten Kommandos und die gesamte Überzeugung des Tierlehrers, dass sie nach oben klettern wird. Das ist das Rezept. Und genau wie beim Kochen macht die richtige Mischung der Zutaten das Essen schmackhaft.
Die ersten Erfolge können Sie für sich verbuchen, wenn die Katze trotz intensiven Schmusens kurz innehält und ihr bewusst wird, dass Sie mit ihr reden. Genau in dieser Sekunde müssen die Kommandos bis zu ihr vordringen. Investieren Sie alles in diesen Moment! Geben Sie klare Anweisungen mit fester Stimme, nicht so streng, dass es an ein „NEIN“ herankommt, aber doch so bestimmt, dass sie eine Handlung erwartet. Unterstützen Sie Ihre Worte mit Ihrem Körper. Machen Sie große, fließende Bewegungen. Holen Sie Anlauf, sodass Ihr Arm einen großen Haken nach oben zeichnen kann, bis Sie gestreckt sind.

Sie können die Bewegung noch vergrößern, indem Sie beim Anlaufholen etwas in die Knie gehen, um kraftvoller nach oben „ziehen" zu können. Wenn Sie am Ende schnaufen und schwitzen, haben Sie es richtig gemacht und alles gegeben. Bravo!!

Vom Tisch auf die Säule
Ist der Zeipunkt vorbei, in dem die Katze nach oben schaut, können Sie sich wieder entspannen. Tun Sie das bewusst. Bauen Sie die aufgebaute Energie ab. Wenn Sie entspannt und bereit für einen neuen Versuch sind, beginnen Sie mit dem Energieaufbau von Neuem. Sie dürfen nicht außer Acht lassen, dass die Katze noch nicht weiß, dass Sie etwas von Ihr wollen und ihr ist auch nicht klar, was von ihr erwartet wird. Ist die Katze einmal an der Säule, weiß sie, dass sie hochklettern muss.

Da ihre Pfoten jedoch noch auf dem Tisch stehen, weiß sie nicht, was Sie von ihr verlangen. Und genau da liegt Ihre Herausforderung, hier wird Ihre Geduld getestet. Ich empfehle Ihnen, die zweite Etappe des Säulentricks ein-, zweimal mit dem Fleischspieß zu üben. Dann versuchen Sie es ohne. Klappt es nicht, schließen Sie die Übung ab, indem Sie noch einmal den Fleischspieß benutzen. So Beenden Sie das Säulenklettertraining positiv. Ein guter Schluss ist schon ein halber Anfang für das nächste Training. Und es kann sein, dass es davon einige gibt. Das Ziel ist erreicht, wenn Sie die Katze auf dem Tisch absetzen und sie dort für kurze Zeit frei laufen lassen können. Sie darf natürlich nicht vom Tisch herunter, sie darf aber die Umgebung erschnuppern und sich wohlig an der Säule reiben. Sie entscheiden, wann der Moment

Bei diesem Trick bin ich stolz auf Aischa. Es ist für mich etwas ganz Besonderes, dass sie eine so starke mentale Verbindung zulässt.

gekommen ist, um die Aufmerksamkeit der Katze auf sich zu ziehen und die energetische Verbindung aufzubauen. Erwarten Sie nicht, dass die Katze jedes Mal beim ersten Versuch die Säule erklimmen wird. Das Schmusen, Schnurren und Pföteln auf der Tischplatte ist einfach zu schön. Und doch ist das Ziel, dass sie, wenn nicht beim ersten, dann beim zweiten oder dritten Anlauf hochklettert.

Der Schlusstrick

Das Säulenklettern war allerdings immer nur der Beginn für einen anderen Trick. Fisto kletterte über die Leiter auf die Säule, weil oben das Stablaufen begann. Die Stabstange konnte in die Säulen eingehängt werden, sodass Fisto obendrüber laufen konnte. Zum einen war die Wirkung schöner und ich konnte beim Arbeiten etwas mehr Abstand halten. Blacky und Laika erklommen die Säule oder den Thron, um, oben angelangt, von Säule zu Säule zu springen. Das Hochklettern war ein integrierter, effektvoller Trick, aber auch Mittel zum Zweck.

Wie kommt die Katze wieder runter?

Das selbstständige Hochklettern empfand ich immer als besonderen Trick. Ich räumte ihm gebührend Platz und Zeit ein. Anschließend wollte ich die Katze nicht einfach von der Säule „pflücken", also musste sie zu mir kommen. Die Säule war jedoch einen Kopf höher als ich. Was ich im Katzenzimmer schon oft erlebt hatte, war, dass mir eine Katze von einem erhöhten Platz aus auf den Rücken gesprungen ist, um dann von meiner Schulter aus mit mir zu schmusen.

Flieg mir in die Arme

Mich hat aber noch keine Katze, auch nicht im Spiel, frontal von oben angesprungen. Die größte Schwierigkeit bei diesem Trick war meine eigene Angst vor der Verletzungs-

Die Idee für den Schlusstrick bekam ich von den Katzen im Katzenzimmer. Da sprang mir nämlich ab und zu eine Katze auf den Rücken.

Laika genießt den Sprung auf meinen Rücken. Von dort aus ist sie ganz nah bei meinen Haaren, von denen sie sich kaum mehr losreißen kann.

gefahr. Die Katze würde nahe an meinem Gesicht vorbeispringen. Was wäre, wenn sie mir nicht wie geplant in die Arme, sondern auf den Kopf springt? Es waren also hauptsächlich meine eigenen Ängste, die es zu überwinden galt. Nun hieß es: Tief durchatmen und alles noch einmal in Gedanken durchspielen, und zwar genau so, wie es ablaufen sollte! Die Angstszenarien musste ich aus meinem Kopf verbannen.

Ein Erlebnis mit Skifahrer

Eine Erinnerung half, mir wieder bewusst zu machen, wie wichtig die richtige Einstellung war, um das Ziel sicher zu erreichen. Dieses Erlebnis hatte ich vor Jahren beim Skifahren. Ich war in der Skischule, um mehr Sicherheit auf den Skiern zu bekommen. Am Ende der Woche machten wir zusammen mit einer Anfängergruppe einen Menschenslalom. Jeder von uns ersetzte eine Slalomstange, und wer an oberster Stelle stand, konnte losfahren, immer im Bogen um die Leute herum. Ich stand ungefähr in der Mitte der Slalomstrecke, als ich dem näher kommenden Anfänger zuschaute. Er hatte immer mehr Mühe, um die Kurven zu gelangen. Als ich sein nächster „Pfosten" war, erkannte ich, dass er mich nicht ordnungsgemäß umfahren konnte. Ich bemerkte auch, dass er es ebenfalls mit Schrecken feststellte. Statt sich auf den Weg zu konzentrieren, den er hätte einschlagen können, um mir auszuweichen, fixierte er mich erbarmungslos. Es hätte keine Rolle gespielt, ob ich nach vorn oder nach hinten ausgewichen wäre, er fuhr geradewegs auf mich zu. So kam er mit Schwung an und fädelte mich in seine Mitte ein. Er war nicht schnell und so kippten wir beide in den Schnee und blieben unverletzt. Doch ich hatte etwas Wichtiges gelernt. Ich muss das fixieren, was ich will, nicht das, was ich nicht will.
Das ist doch klar, werden Sie denken. Dennoch hat man das, was man nicht will, direkt vor Augen und es stellt eine Gefahr dar. Dann ist es sogar sehr schwierig, sich auf etwas anderes zu konzentrieren. Hätte der Mann nicht mich, sondern seine Ausweichmöglichkeit anvisiert, hätte dieser Zusammenstoß verhindert werden können.

Trockenübung im Geiste

Wenn ich für den Sprung der Katze die ganze Energie auf mein Gesicht richte, habe ich gute Chancen, Kratzer abzubekommen.

Also überlegte ich mir, wo die Katze landen sollte. Die Fleischbelohnung würde mir helfen, die genaue Position zu definieren. Ich stellte mir vor, dass der Kopf der Katze in der Nähe des Fleischstückchens landen würde. Damit wären die Krallen außer Reichweite meines Gesichts. Das war beruhigend, und bevor ich den Schlusstrick mit der Katze trainierte, übte ich ihn unzählige Male im Geiste, wie ich ihn mir im optimalen Fall vorstellte.
Ich überlegte auch, wie ich den Trick langsam aufbauen konnte. Es gibt keine Zwischenstation zwischen der Säule und mir. Einmal abgesprungen, musste die Landung kommen. Es gab bei diesem Trick kein Annähern, nur ein „Jetzt oder Nie!". Ich hatte mich für das Jetzt entschieden und habe es niemals bereut. Nie war eine spitze Kralle auch nur in der Nähe meines Gesichts.

Sabu, der einzige Herr der Gruppe, darf den Schlusstrick zeigen.

Dafür erhielt ich bei jedem Sprung ein tiefes Vertrauen vonseiten der Katze, das mein Herz jedes Mal vor Glück erwärmen ließ. Katzen sind die wunderbarsten Tiere, die so viel zu geben haben, wenn man bereit ist, dieses Geschenk anzunehmen.

Nun sind Sie an der Reihe

Sind Sie bereit für den Schlusstrick? Sie haben sich gut überlegt, ob Sie den Trick einüben möchten. Auch eine Katze kann mal einen schlechten Absprung erwischen, ausrutschen oder hängen bleiben, sodass die Flugbahn verändert wird. Sie trauen sich zu, die Katze aufzufangen. Ich empfehle Ihnen, immer einen Pullover, ein Hemd oder eine Bluse anzuziehen, die möglichst bis zum Hals geschlossen ist. Ich habe auch bei den Auftrittskostümen darauf geachtet, denn die Katze wird sich bei der Landung festhalten. Je öfter sie springt und je sicherer Sie sie auffangen, desto weniger muss sie sich festkrallen. Das Ausfahren der Krallen ist ein Reflex, den Sie nicht wegtrainieren können.

Sicherer Stand

Die Katze wartet oben auf der Säule auf weitere Anweisungen. Stellen Sie sich etwa einen Schritt vor die Säule. Sie brauchen einen sicheren Stand, der Ihnen die Möglichkeit bietet, zu wippen und etwas mitzugehen. Ich fühlte mich am wohlsten, wenn das linke Bein ein Stückchen nach vorn versetzt war. Wenn Sie bereit sind und sicher stehen, nehmen Sie ein Fleischstück zwischen

Daumen und Zeigefinger der rechten Hand. Von jetzt an sollten Sie die Katze nicht mehr aus den Augen lassen. Zeigen Sie der Katze, dass Sie ein Fleischstück in der Hand haben. Sie können dabei Ihre Handlung laut kommentieren und mit der Katze reden. Führen Sie die Hand mit dem Fleisch auf die linke Körperhälfte, sodass Sie das Fleischstück einen Fingerbreit unter dem linken Schlüsselbeinknochen hinhalten können. Es ist von Vorteil, wenn Ihre Kleider nicht dieselbe oder eine ähnliche Farbe wie das Fleisch haben. Die Katze muss das Fleischstück sehen können. Sie können die Belohnung auch auf den Zielpunkt legen und die Hand etwas entfernen, damit es besser zu sehen ist. Bleiben Sie aber mit dem Arm über Kreuz, denn er bildet eine Art Korb, um die Katze nach der Landung sofort festhalten zu können.

Ein Platz zum Landen

Wenn das Fleisch unterhalb des Schlüsselbeins platziert ist, wird dort der Kopf der Katze nach der Landung sein. Die Katze stößt mit den Hinterbeinen an der Säule ab, landen ihre Vorderbeine zuerst auf Brusthöhe, die Hinterbeine folgen und landen beim Solarplexus. Das ist in etwa so, denn Ihre Größe und die Größe der Katze stehen natürlich in Zusammenhang. Landet die Katze, fungiert Ihr rechter Arm als eine Art Bank, wo sie sich anlehnen kann, der linke freie Arm legt sich um ihre Schulter. So kann sie ungestört und mit sicherem Halt das wohlverdiente Fleischstückchen fressen. Wahrscheinlich kennen Sie und Ihre Katze diese Art des Festhaltens schon, denn auch Katzen, die nicht gern getragen werden, lassen sich so tragen. Je vertrauter diese Haltung ist, desto weniger Krallen wird sie einsetzen.

Auf die Plätze, fertig …

Die Katze muss erst mal springen. Sie ist bereit, Sie sind in Position, das Fleisch ist auf dem Platz. Ihre Stimme wird motivierend eingesetzt: „Braaaav! Ja, komm! Spring! Ja, gut so, komm! Braaav." Geben Sie der Katze Sicherheit. Vermitteln Sie ihr, dass sie springen soll, und zeigen Sie ihr deutlich, wo sie landen kann. Bewegungen, die in Ihre Richtung gehen, müssen sofort mit Worten belohnt werden. Achten Sie darauf, dass die Katze immer wieder das Fleisch fixiert und es haben möchte. Wenn sie beim Absprung das Fleisch anpeilt, wird sie auch dort landen.

Gegenseitiges Vertrauen ist die Voraussetzung für diesen Trick. Und ich vertraue ihm.

Sabu braucht Mut, auf mich zu springen, ich brauche Mut, um stehen zu bleiben. Es ist toll mit einem so zuverlässigen Partner zusammenzuarbeiten.

Zwei Möglichkeiten des Ziehens

Da die Katze über Ihnen sitzt, haben Sie zwei Möglichkeiten, sie zu sich zu „ziehen". Sie können etwas in die Knie gehen, da Ihr Spielraum aber klein ist, entsteht eine Art Wippen. Wichtig ist, dass Sie beim Sich-wieder-Aufrichten entspannt sind. Richten Sie sich mit Energie auf, blocken oder „stoßen" Sie die Katze. Unterstützen können Sie das „Zu-sich-Ziehen", indem Sie sich etwas nach hinten bewegen. Auch hier ist der Spielraum eingeschränkt. Gehen Sie zu weit zurück, weiß die Katze nicht, ob Sie nun weglaufen oder nicht. Zudem muss sie ihre Sprungweite neu definieren. Auch hier entsteht nur eine Art Vor- und Zurückschaukeln.

Die richtige Dosis Energie

Lassen Sie die Energie jedoch nur dann ganz los, wenn ein Neustart nötig ist. Gerade am Anfang ist das manchmal sinnvoll. Wenn Sie sich vor lauter Spannung schon ganz verkrampft haben oder wegen des angehaltenen Atems kaum noch richtig Luft bekommen, bringt ein Neustart mehr. Es ist auch möglich, dass die Katze einen Neustart macht. Wenn sie vor lauter Auf-das-Fleisch-Zielen zu viel Vorlage bekommt, um einen guten Absprung zu machen, muss sie sich neu positionieren. Das bietet auch Ihnen eine kurze Entspannungspause.

Komm in meine Arme

Wenn die Katze springt, empfangen Sie sie einfach. Vertrauen Sie darauf, dass die Katze die Entfernung gut eingeschätzt hat. Bleiben Sie stehen und verändern Sie an Ihrer Position nichts mehr. Sie wird sicher bei Ihnen landen und sich auf Ihren Arm setzen, genüsslich das Fleisch verzehren und freudig Ihre Streicheleinheiten und Ihr Lob genießen. Je nachdem, ob Ihre Katze gern getragen wird oder nicht, lassen Sie sich mehr oder weniger Zeit, sie auf ihren Platz zurückzubringen.

Ein Wort zur Energiearbeit

Die Energiearbeit ist mein wichtigstes Arbeitsinstrument. Jedes Werkzeug hat seine Tücken und Eigenheiten, deshalb will jedes Handwerk gelernt sein. Da man aber im Gegensatz zum herkömmlichen Werkzeug nichts in der Hand hat, erscheint das Arbeiten umso schwieriger. Das Sprichwort: „Die Übung macht den Meister", kommt deshalb nicht von ungefähr. Üben auch Sie, am besten schon bei den einfachen Tricks. Üben Sie bei Ihren Kindern, Ihren Enkeln, Ihrem Partner, Ihrer Partnerin. Beobachten Sie die Reaktionen und versuchen Sie herauszufinden, was genau passiert.

Von guter und von schlechter Energie

Energie ist immer und überall vorhanden. Jeder hat sie, strahlt sie aus und beeinflusst seine Umgebung, seine Mitmenschen oder Tiere und im Endeffekt sich selbst. Menschen mit schlechter Laune schleppen eine Menge schlechter Energie mit sich. Sie strahlen sie aus und übertragen sie. Ist es nicht tausendmal schöner, positive Energie zu verteilen? Lachen steckt an und die Atmosphäre in der Umgebung wird um ein Vielfaches angenehmer. Energie ist Ihr Werkzeug, Sie haben es in der Hand, damit zu arbeiten.

Die positive Ausstrahlung der Tiere

Die Tiere machen es einem um einiges leichter. Sie leben immer im Hier und Jetzt. Ihre Energie ist immer positiv. Es liegt deshalb an einem selbst, wenn keine gute Stimmung im Raum herrscht, wenn die Ungeduld an den Nerven zerrt oder wenn trübe Gedanken die Konzentration beeinträchtigen. Es gibt keine „blöde Katze", höchstens die eigene schlechte Laune. Das Tolle an den Tieren ist, dass sie sich nicht anstecken lassen. Man muss die schlechte Laune ganz allein aushalten. Und es liegt nur in unserer Hand, die Laune zu ändern. Worauf warten Sie noch? Lassen Sie sich von der positiven Energie der Tiere inspirieren. Trainieren Sie erst, wenn Ihre Energie positiv und freundlich ist. Setzen Sie sich zu Ihrer Katze und genießen Sie das weiche Fell, während Sie sie streicheln. Hören Sie dem entspannenden, wohlklingenden Schnurren zu, das alle trüben Gedanken vertreiben kann, und staunen Sie über Ihr eigenes entspanntes Lächeln, das sich nun auf Ihrem Gesicht zeigt.

„Wo hat sie nur die Wurst versteckt?“

Die Talente der Katzen nutzen

Valentin

Eine liebe Bekannte von mir und große Katzennärrin, hat selbstverständlich einen eigenen, talentierten Star zu Hause. Dieser schlaue Kerl hat sich die verschiedenen Tricks, die er beherrscht, selbst beigebracht. Nichts ist vor Valentin sicher, kein Türchen, kein Kästchen, keine Schublade. Er beherrscht das Öffnen der verschiedensten Möbelstücke so perfekt, dass Vreny sein Können auch Besuchern zeigen kann. So konnte ich mich hinsetzen und die Vorführung genießen. Ich habe mich köstlich amüsiert und staunte, mit welchem Geschick sich dieser Stubentiger an die Arbeit macht.

Valentins Nase

Valentins Antrieb ist seine Nase. Er hat die verschiedensten Dinge zum Fressen gern und beschränkt sich keineswegs nur auf Fleisch. Brot, zum Beispiel, findet er genauso köstlich. Vreny hatte sich anfangs gewundert, warum ihr Brot entweder verschwunden oder angeknabbert war. Der Brotkorb befand sich nämlich in einem Küchenschrank oberhalb der Anrichte. Sie konnte sich auch nicht vorstellen, dass sie so oft die Tür aufgelassen hatte, und doch, das Brot war jedes Mal weg. Eines Tages ertappte sie den Dieb auf frischer Tat. Valentin stellte sich auf die Hinderbeine und stützte eine Vorderpfote an die angrenzende Tür, die andere platzierte er auf dem Türgriff der Tür, die er öffnen wollte. Während er auf seinen Hinterbeinen stand, sich mit dem rechten vorderen Bein gegen das Nachbartürchen stemmte, zog er mit der linken Vorderpfote am Türgriff. Ich konnte nur mit staunendem Schmunzeln zusehen. Sobald er die Tür einen Spaltbreit geöffnet hatte, schob er seinen Kopf dazwischen. Nun konnte er in Ruhe seine Beute mit den Vorderpfoten aus dem Schrank angeln.
Wenn nötig, stieg er höchstpersönlich in den Küchenschrank, um seine „Beute“ zu sichern und an Ort und Stelle zu vertilgen oder sie im Maul in Sicherheit zu tragen.

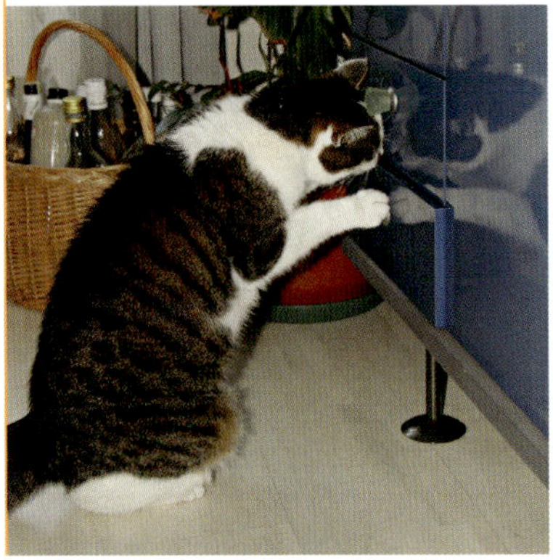

„Da drin gibt’s doch was. Das kann ich durch die Schublade riechen.“

Ein cleverer Kerl. Vreny musste fortan sämtliche Griffe mit Schnüren aneinanderbinden. Die Knoten konnte Valentin noch nicht öffnen, auch wenn die Spuren deutlich zeigen, dass er sich bereits mit ihnen beschäftigt hat.

Er öffnet Tür und Tor
Das Sideboard ist schon einfacher. Die Glasscheibe, die als Tür der einen Seite dient, wird durch Andrücken geöffnet. Der schlaue Kater stellt sich auf die Hinderbeine und lässt die Vorderpfoten mit etwas Schwung auf die Scheibe prallen. Und voilà, die Glasscheibe schwingt auf und er kann gemütlich seinen Beutezug fortsetzen. Schwingt die Tür nicht weit genug auf, hilft er mit seiner Pfote nach, indem er am unteren Rand der Scheibe zieht! Super.

Auch Schubladen sind keine Kunst
Aber Valentin hat noch mehr auf Lager. Neben der Glasscheibe des Sideboards, gibt es noch zahlreiche Schubladen. Diese haben einen Knauf in Form eines Diamanten.

„Ein bisschen Schokolade wäre doch ganz nett.“

Kein Problem für Valentin. Auch für diese Aufgabe stellt er sich auf die Hinterbeine und klemmt den Schubladenknauf zwischen seine Vorderpfoten. Dann lehnt er sich zurück, bis die Vorderbeine gestreckt sind. Anschließend geht er rückwärts! Ist das nicht toll? Er zieht die Schublade einen Spalt weit auf, dann lässt er den Knauf los. Jetzt spaziert er seitlich an die geöffnete Schublade und drückt seinen Kopf hinein, bis sie weit genug geöffnet ist, sodass er ihren Inhalt erkunden kann. Die Belohnung ist ihm sicher!

Rolltüren mit Magnetverschluss
Auf dieselbe Art und Weise öffnet er ein fallendes Türchen. Die Aufgabe ist dadurch erschwert, dass seine Hinterbeine nur auf einer schmalen Ablagefläche Platz haben; zudem wird das Türchen mit einem Magnet geschlossen. Ist der Verschluss gelöst, schnellt das Türchen nach unten. Oft kann Valentin nicht schnell genug weg, das Türchen fällt ihm auf seine Hinterpfoten. Er schüttelt sie dann zwei-, dreimal, und schon ist er wieder oben und der Inhalt des Schränkchens ist sein.

„Hab ich's doch gewusst! Hier hat sie die Wurst versteckt.“

Vorhang auf – Manege frei!

Ob Stars in der Manege, Künstler auf der Bühne oder Könner zu Hause, die Katzen begeistern die Menschen immer wieder. Ich bin mächtig stolz auf meine talentierten Showstars!

Meine Showstars

Das Interesse an Tieren und das Arbeiten mit ihnen war mir sozusagen in die Wiege gelegt worden. Von Kindesbeinen an konnte ich meinen Vater beobachten und ihm später bei den Proben mit den Tieren helfen. Er hatte immer eine Möglichkeit gesucht, die Menschen näher an die Tiere zu bringen, sie darauf aufmerksam zu machen, was die Tiere zu bieten hatten, dass sie oft intelligenter sind, als Menschen zu wissen glauben. Über die Vorführungen mit den Tieren ergab sich eine Plattform, um auf verschiedene, auch bedrohte Tierarten aufmerksam zu machen.

Herausforderung Hauskatze

Ich fand es deshalb reizvoll, eine Hauskatzennummer auszuarbeiten, weil mir die Katzen mit ihrer Eigenwilligkeit sehr gefielen und weil mein Vater noch nie mit Katzen gearbeitet hatte. Mit großen Katzen schon, stand er doch mit Tigern, Löwen und auch Leoparden in der Manege. Je kleiner die Katze, um so schwieriger sei es, sie zu dressieren, gab er zu bedenken. Obwohl er ein großer Hundespezialist war, hatte er mich bei meinem Katzenprojekt mit Rat und Tat unterstützt. Doch Erfahrungen musste ich selbst sammeln. Das Abenteuer begann 1990, als mir der Tierarzt von einem Wurf Katzen berichtete, die er von einem Bauernhof abholen sollte. Da ich die fünf Kätzchen gern zu mir nehmen wollte, durfte ich sie auch vierzehn Wochen bei der Mutter auf dem Bauernhof lassen. Danach wurden sie vom Tierarzt untersucht, geimpft und entwurmt. Und endlich konnte ich sie empfangen und mit nach Hause nehmen.

Eine letzte Probe vor dem großen Auftritt. Zuhause im stillen Kämmerchen klappt alles wie am Schnürchen.

Der erste große Auftritt

1991 war unser erster großer Auftritt beim Ersten Schweizer Showtalent-wettbewerb. Die Zuschauer und die Jury waren so fasziniert, ganz gewöhnliche Bauernhofkatzen auf der Bühne zu sehen, dass wir den 1. Platz bekamen und als Sieger nach Hause gehen konnten. Darauf folgten Fernsehauftritte im In- und Ausland. Im zooeigenen Zirkuszelt bei täglichen Auftritten wurden die Katzen zu routinierten Pofis. Hunde- und Katzenausstellungen, Versammlungen, Dorffeste, Hochzeiten, Geburtstage, überall waren meine Katzen und ich eingeladen.

Stars in der Manege

Eine besondere Freude war die Anfrage vom Circus Krone für die Galashow von Stars in der Manege. Zusammen mit Helge Schneider, der mit seinem Lied Katzenklo zu dieser Zeit große Erfolge feierte, hatte ich einen passenden prominenten Partner für die Katzen. Er fand, dass Singen einfacher sei, als Katzen zu dressieren. Dieser Meinung war ich ganz und gar nicht, denn mein Katzengesang würde niemand hören wollen. So trennten wir uns nach der Galashow und vielen schönen Stunden mit der Überzeugung, dass jeder in seinem Metier weiterarbeiten sollte.

Ich war überrascht und überaus erfreut, eine erneute Anfrage vom Circus Krone zu erhalten. Noch in derselben Wintersaison wurde ich für das Januar/Februar-Programm im Cirkus Krone-Bau in München engagiert. Einmal richtige Zirkusluft schnuppern war immer schon mein Traum gewesen. Im selben Programm mit den Krone-Elefanten, mit René Stricklers Raubtieren und vielen anderen bekannten Artisten in einem 3000 Personen fassenden Zirkusbau in der Manege zu stehen, war der siebte Himmel auf Erden. Nach meinem Auftritt an der Premiere hatten meine Knie so gezittert, dass ich mich kaum noch auf den Beinen halten konnte.

Ich setzte mich zu meinen Katzen in den Wagen und war sehr ergriffen von diesem Erlebnis. 3000 applaudierende Menschen, die Freude und Erstaunen zeigten, war für mich eine Menge Energie, die über mich hereinbrach. Dazu kam die Anspannung, weil ich wusste, wenn eine Katze, aus welchen Gründen auch immer, auf den Boden springen würde und ich sie nicht schnell genug einfangen könnte ... Der Zirkusbau war riesengroß, Verstecke für eine Katze hätte es Tausende gegeben. Es kostete mich viel Anstrengung, solche Gedanken und Ängste aus meinem Kopf zu verbannen.

Doch die Katzen gaben mir Halt, sie arbeiteten zuverlässig und waren nicht im gleichen Maße beeindruckt wie ich.

Zirkusluft und unerwarteter Tod

Ich wechselte in der Kronezeit das erste Mal in meinem Leben für längere Zeit vom Zooalltag zum Zirkusalltag. Ich genoss es, mich „nur“ um meine Tiere kümmern zu müssen, ich genoss es, im Zirkus zu sein. Als ich die Nachricht vom Tod meines Vaters erhielt, wurde ich wie aus einem Traum in die Realität zurückkatapultiert. Er starb unerwartet an Herzversagen. Ich konnte es nicht glauben, denn er wollte mich doch im großen Zirkus Krone besuchen, in dem auch er in früheren Zeiten mit seinen Hunden gearbeitet hatte. So lernte ich auch die gnadenlose Seite des Showbusiness kennen. 3000 Menschen, die eine schöne, fröhliche Show erwarten, eine lächelnde Gabi mit ihren Katzen. Auch in diesen schweren Momenten gaben mir die Katzen Halt, sowohl während des Auftritts, als auch danach, hinter den Kulissen, wo ein jeder wieder allein ist. Ich bekam einen Tag frei, um nach Hause zur Beerdigung zu fahren, am nächsten Tag um 15.00 Uhr hieß es wieder: „Manege frei, die Show beginnt.“

Im Wechselbad der Gefühle

München war ein Wechselspiel von Glück und Trauer, Abenteuerlust und Heimweh. Ich wünschte mir, dass alles so wäre wie zuvor. Und doch wusste ich, dass nichts mehr so sein würde, wie es einmal war. Alle Gefühle brachen über mich herein: Wut, Trauer, Einsamkeit! Doch gab es etwas, das blieb: The Show must go on! Um 15.00 Uhr und um 20.00 Uhr musste ich bereit sein. Während meinen Auftritten war ich frei von allen erdrückenden Gefühlen, frei von Unsicherheit über die Zukunft. Die Katzen und das Publikum gaben mir Kraft und ich konnte ein klein wenig auftanken.
Im Nachhinein war ich froh, die Trauer um meinen Vater in München verarbeiten zu können. Ich konnte mir Zeit nehmen und an all die schönen Momente mit ihm zurückdenken. Ich durchlebte in Gedanken meine Kindheit, den Aufbau des Zoos. Ich erkannte das Lebenswerk, das mein Vater aus tiefstem Herzen erarbeitet hatte. Mir wurde bewusst, welche Entbehrungen er und meine Mutter auf sich genommen hatten. Aber ich sah auch die Erfüllung in dem Erreichten.

Mein Vater war mit Leib und Seele Tierlehrer. Durch ihn habe ich diesen wunderbaren Beruf kennengelernt und bei ihm durfte ich meine Fähigkeiten trainieren.

Das Geschenk meines Vaters

In München konnte ich mich einfach zu meinen Katzen in den Anhänger setzen und darüber nachdenken, was mir das Leben mit einem Zoo bedeutet. Während ich mit meinen Katzen schmuste, erfuhr ich eine große, echte Liebe. Tiere waren auch mein Leben. Mein Interesse galt ihrem Verhalten, ihrer Natur, ihrer Energie. Das würde immer wieder von neuem eine Herausforderung für mich sein. Tiere gehören zu meinem Leben. Ich wusste, ich würde für das Überleben des Zoos kämpfen. Jetzt würde das Lebenswerk meines Vaters zu meinem Lebenswerk werden. Auch wenn das Geld für das Überleben des Zoos nicht reichen sollte, das Arbeiten mit den Tieren, die Freude und Erfüllung, die diese Arbeit mir gibt, würde immer bestehen bleiben. Das ist das schönste Geschenk, das mir mein Vater in all den Jahren, in denen ich von ihm lernen konnte, für mein Leben mitgegeben hat. Dafür bin ich ihm für immer dankbar.

Das Katzenzimmer unterwegs

Wohnmobil für Katzen

Nicht nur, um nach München zu fahren, auch für jeden anderen Auftritt außerhalb musste ich eine Fahrgelegenheit für die Katzen haben. Es musste genug Platz vorhanden sein, um den Katzen auch bei längeren Fahrten eine angenehme Reise zu ermöglichen. Zudem brauchte ich auch alle Requisiten an den Orten des Auftritts. Ein Anhänger war zwingend nötig. Wir berechneten den Platz, den die Requisiten einnehmen würden sowie der Schrank für die Kostüme. Der vordere Teil war für die Katzen bestimmt. Ein Katzenbaum wurde fest montiert und weitere Liegeplätze festgeschraubt. Ein Katzenklo durfte auch nicht fehlen, genauso wenig wie ein Wassernapf, auch wenn dieser erst bei der Ankunft mit Wasser aufgefüllt wurde.

An das Reisen gewöhnen

Die Reisen mit dem Anhänger übten wir in kleinen Schritten. Es war mir wichtig, dass sich die Katzen auf dem Weg wohlfühlten. Das Einsteigen in die Boxen hatten die Katzen schon von Anfang an gelernt. Sie wussten bereits, dass die Boxen „Arbeiten“ bedeuteten, oder besser: Abwechslung und Spiel. Ich stellte die beiden Boxen auf einen Handwagen, um damit bis zum Restaurant zu fahren, auf dessen Bühne wir jeweils trainierten.

Zu Fuß kutschiere ich die Katzen vom Katzenzimmer bis zur Zoobühne oder dem Zirkuszelt.

Unser Weg führte durch den Zoo, vorbei an Vogelvolieren, Raubtieranlagen, Schimpansengebrüll und vergnügtem Kindergeschrei. So lernten die Katzen viele Gerüche kennen, vernahmen die unterschiedlichsten Geräusche und merkten, dass ihnen auf dieser Spazierfahrt nie Gefahr drohte. Ich kommentierte die ersten Fahrten. Ich erzählte ihnen bereits im Katzenzimmer, dass wir uns jetzt auf den Weg zur Bühne machen. Ich redete ununterbrochen. So konnten Sie mich immer hören und wussten, dass ich da bin. Die Fahrten mit dem Wagen waren interessant und abwechslungsreich. Ich sah, dass es ihnen gefiel. Sie kamen immer gern mit.

Kleine Rundfahrten

Dann begann ich, die Katzenboxen in mein Auto zu stellen. In der vertrauten Box, mit der Sicherheit der Kameraden, machten wir eine kleine Rundfahrt. Auch auf dieser Fahrt redete ich ununterbrochen mit ihnen. Ich stellte keinerlei Stress bei den Tieren fest. Sie verhielten sich ruhig, reckten schnuppernd ihre Nasen und beobachteten interessiert die Umgebung. Ich stellte die Boxen in den Kofferraum, ließ die Klappe aber noch einen Moment offen. Ich wollte, dass sie das Auto „schnuppern“ konnten, während sie mich sahen und hörten. Dann schloss ich langsam die Klappe, damit es für die Katzen nicht bedrohlich wirkte. Das Ganze kommentierte ich. Ich sagte den Katzen immer, was ich gerade tat und was nun passieren würde.

Die ersten größeren Ausflüge mit den Katzen unternahm ich mit dem Auto. So konnte ich sehen, ob es ihnen gut geht.

Auch das ist Energiearbeit. Mit dem Reden halte ich die Verbindung zu den Katzen aufrecht. Aus meiner Erfahrung mit den Zootieren und der Schultierschau wusste ich, dass die meisten Tiere gern Auto fahren, sofern sie keine schlechten Erfahrungen gemacht hatten. Ich konnte meinen Katzen aus Überzeugung positive Gefühle über das Autofahren vermitteln.

Das Tierarzt-Feeling

Oft fahren Katzen nur dann Auto, wenn sie zum Tierarzt gebracht werden. Dann sind sie entweder krank oder müssen geimpft werden. Von dem Moment an, in dem der Aufbruch zum Tierarzt beginnt, weiß die Katze, dass etwas in der Luft liegt. Keiner bringt die Katze gern zum Tierarzt. Was wird er machen, wie wird es der Katze gehen, wie wird sie auf die Medikamente reagieren, hoffentlich sind keine Hunde im Wartezimmer oder Vögel oder ... Sie sind verunsichert.

Der Katzenanhänger ist wie das Katzenzimmer eingerichtet: mit Katzenbaum, erhöhten Sitzmöglichkeiten, Schlafnischen und Rückzugshöhlen.

Die Katze spürt das und wird ebenfalls unsicher. Sie wird nervös, miaut ununterbrochen ihren tiefen, jammernden Singsang oder hockt sich zusammengekauert in eine Ecke der Box. Ihr Verhalten unterstreicht die Unsicherheit der Tierhalterin. Sie fühlt sich schlecht, redet immerzu entschuldigend und in mitleidigem Tonfall mit der Katze. Es sei doch nur zu ihrem Besten, bestimmt werde es nicht wehtun, und bald, bald sei alles vorbei. Schnell würden sie dann wieder heimkommen und alles würde wieder sein wie vorher. Für die Besitzerin und für ihre Katze wird die Fahrt zur Tortur. Beim Tierarzt wird es nicht besser.
Bei der Heimfahrt mischt sich dann doch etwas Erleichterung in die gespannte Atmosphäre. Vom Auto ins Haus kann man die Entspannung deutlich spüren. Erst jetzt bekommen sowohl die Besitzerin als auch die Katze wieder Sicherheit. Sie sind froh, dass alles überstanden ist und endlich alle wieder zu Hause sind. Die Gefühle der Katzenhalterin sind Energie, die sie an die Katze weitergibt. Wenn man so eine Fahrt rein analytisch betrachtet, kann sie gar keine Freude machen.

Katzenanhänger erforschen

Da ich mich auf die Proben auf der Bühne freute, war es leicht, gute Stimmung bei der kurzen Autofahrt im Auto zu verbreiten.
Die Katzen lernten schnell, dass die Geräusche vom Straßenverkehr, das Vibrieren und Schaukeln im Auto nicht schlimm sind.

Jetzt waren die Tiere gut vorbereitet für die erste Fahrt im großen Katzenanhänger. Ich stellte die Boxen auf ihre Plätze im Anhänger und ließ die Katzen ihr neues Revier erkunden. Ich setzte mich dabei gemütlich in eine Ecke und konnte so alles genau beobachten. Ich wusste dadurch, welche Katze als Erste die Box verließ und welche die vertraute Sicherheit der Box brauchte. Es war interessant zu erfahren, welche Katze zuerst nach oben kletterte und welche das Revier abschreiten musste, um die Größe zu erforschen. Ich erkannte auch, welcher Katze der Transport mehr zu schaffen machen würde, welche nervös oder unsicher war. Wir ließen uns Zeit, uns mit dem Anhänger anzufreunden, der als zweites Zuhause dienen sollte. Bald schon wurde der Kratzbaum benutzt, die Katzenkistchen getestet und mit den neuen Spielsachen herumgetobt. Dann entstand im Wagen eine angenehme, entspannte Ruhe. Es wurde Zeit für mich, den Raum zu verlassen und ihn den Katzen zu überlassen. Zwei, drei Stunden später holte ich meine vierbeinigen Freunde wieder ab, lud sie in die Boxen und trug sie wieder in ihr großes Katzenzimmer.

Die erste Fahrt

Am nächsten Tag war der leere Anhänger am Auto angehängt und bereit für den ersten Transport mit den Katzen. Der Ablauf war derselbe. Ich brachte die Katzen in den Boxen zum Anhänger, ließ sie in ihr Abteil im Wagen und beobachtete sie noch einen Augenblick. Dann wünschte ich ihnen eine gute Fahrt und schloss den Anhänger. Die Fahrt konnte losgehen. Nach der Ankunft öffnete ich gespannt die Tür und spähte zu den Katzen. Jede hatte sich für die Fahrt ihren Platz ausgesucht. Die einen saßen in den Boxen beisammen, andere hatten einen eigenen Platz gefunden. Doch kaum war die Tür offen, ging lebhaftes Treiben durch das Katzenabteil und ich wurde freudig begrüßt. Keine Katze blieb zusammengekauert hocken, ich fand keine Kotspuren, die von nervösem Durchfall zeugten.
Die Atmosphäre war entspannt und bereits von lebhafter Neugierde geprägt. Die Katzen waren gespannt, was nun folgen würde.

Mit Requisiten

Als Nächstes begann ich mit meinen Helfern den Anhänger zu beladen. Wir platzierten die Requisiten, schoben und zogen, hängten auf, befestigten alles so, dass es transportsicher verladen war. Die Katzen schauten gebannt zu und beobachteten gespannt unser Kommen und Gehen. Dann schlossen wir die Türen, ich verabschiedete mich wieder und wünschte eine gute Fahrt. Am neuen Ort angekommen, musste der Anhänger wieder entladen werden. Die Requisiten wurden eins nach dem andern ausgeladen. Die Katzen blieben in ihrem Abteil. Dort mussten sie noch eine Weile warten, denn die Requisiten mussten erst auf der Bühne aufgestellt werden. Auch das war ein Prozess, der immer so sein würde. Dann war alles bereit und ich ging zurück zum Anhänger, um die Katzen zu holen. Sie gingen ohne Probleme in ihre Boxen und darin wurden sie bis zur Bühne getragen. Dieser Ablauf, das Ein- und Ausladen der Requisiten, der Transport zur Bühne oder zum Auftrittsort, wurde schnell zur Routine und war für die Katzen eine willkommene Abwechslung.

Bei Auftritten, die mehrere Tage dauern, kann ich die Wohnfläche der Katzen erweitern, indem ich eine kleine Außenanlage anbaue.

Multifunktionswagen

Der Katzenanhänger bot auch verschiedene Anwendungsmöglichkeiten. Wie oben beschrieben war er in zwei Abteile eingeteilt, die durch ein Gitter abgetrennt waren. Ich verwendete mit Absicht Gitter und nicht eine undurchsichtige Wand, damit die Katzen immer alles mit ansehen konnten, was im Wagen passierte. Bei einmaligen Auftritten ließ ich die Gitterwand eingebaut und der Requisitenteil diente mir nach dem Ausladen als Garderobe. Bei Engagements, die über mehrere Tage dauerten, wie zum Beispiel beim Cirkus Krone, konnte ich die Trennwand aushängen und die Katzen durften den gesamten Anhänger als Wohn-, Schlaf- oder Spielplatz benutzen.

Die Experten sind sich einig. Je kleiner die Katze, desto schwieriger sind sie zu dressieren. Bei den Tigern sieht es gar nicht einfach aus.

Kleine Katzen und große Katzen

Zweimal hatten wir längere Engagements. Einmal im Cirkus Monti, da reisten wir vierzehn Tage lang mit dem Zirkus mit und das andere Mal machten wir eine ganze Tournee zusammen mit dem Raubtierdompteur René Strickler. Es war besonders interessant große Raubkatzen wie Löwen, Tiger und Pumas in der gleichen Manege wie gewöhnliche Stubentiger zu sehen. So konnten die Zuschauer live die verschiedenen Arbeitsmethoden für die unterschiedlichen Katzenarten beobachten.
Für meine Katzenpartner war es auch ein besonderes Abenteuer, zusammen mit den Raubtieren zu reisen. Und für mich erst. Es war spannend mitzuerleben, wie die Nasen der Katzen unaufhörlich in der Luft schnuppern mussten. Dementsprechend groß war die Herausforderung, die Aufmerksamkeit der Tiere immer wieder auf die Tricks zu lenken. Aber auch das legte sich mit der Zeit und bald war die Manege mit Raubtiergeschmack so normal wie das Reisen von Ort zu Ort.

Mit Veranda

Während dieser Zeit konnte ich den Anhänger noch weiter ausbauen. Die Gitterwände, die als Abtrennung oder als Halterung dienten, konnte ich aushängen und als Außenanlage an den Anhänger montieren. Dadurch konnten die hinteren Türen des Anhängers tagsüber offen bleiben und die Katzen hatten eine Außenanlage

mit freiem Blick auf ihre Umgebung. Da die Katzen, wie auch die Artisten, ihr gewohntes Zuhause immer dabeihatten, war die sich ändernde Umgebung eine willkommene Abwechslung und das Sonnenbaden auf der „Veranda" ein Genuss. Wir alle, die Katzen, meine Familie und ich, genossen die Zeit, die wir zusammen verbringen konnten, und es war sehr schön zu erfahren, wie viel Freude ich mit meiner Arbeit den Menschen machen konnte.

Die kommentierte Vorführung

Das soll auch meine Katze können?
In der Reisezeit wurde mir bewusst, dass die Leute gern etwas über die Arbeit mit Katzen wissen wollten. Da ich meistens in der Nähe des Anhängers war, wurde ich oft mit allerlei Fragen bestürmt, und es machte mir Spaß, sie zu beantworten. Kaum einer konnte glauben, dass seine eigene Katze etwas lernen könnte. Katzen beschäftigte man mit Bällchenwerfen oder Schnürchenziehen, und das funktionierte nur dann, wenn die Katze spielen wollte. Dass es möglich ist, auf Kommando zu arbeiten, erschien den meisten unmöglich. Bei Tigern schon, aber nicht bei der eigenen Hauskatze.

Kommentierte Shows
Was ich bei den kommentierten Shows sehr genieße, ist die Ruhe und die Zeit, die ich habe. Ich kann besser auf die Tiere eingehen, auch mal eine Streicheleinheit mehr geben oder so lange an einem Trick arbeiten, bis er so klappt, wie ich es mir wünsche. Letztendlich ist es ein Training auf der Bühne mit Zuschauern. Bei der dokumentierten Vorführung erzähle ich zu Beginn, wie ich zu den Katzen gekommen bin, meine Motivation, gerade mit Katzen zu arbeiten, und ganz kurz, was ich schon mit ihnen erlebt habe. Dann beginne ich, wie auch bei der Show, mit der Nummer. Ich stelle den Zuschauern meine Katzen vor, während sie ihren Trick zeigen. Ich kommentiere vorneweg, was gerade passiert, wie und warum ich mit dieser Katze diesen Trick mache, und auch, wie ich ihn mit der Katze einstudiert habe. Am Ende bleibt Zeit, um Fragen zu beantworten.
Die ganze Vorführung dauert ca. 30 Minuten. Ich bin jedes Mal stolz auf meine Katzen, weil sie es sich geduldig auf ihrem Podest bequem machen. Sie nehmen sich Zeit, sich zu putzen, oder sitzen genüsslich oder leicht dösend da.

In derselben Manege hatten nur Minuten zuvor Tiger, Pumas und Bären gearbeitet. Doch die Katzen hatten sich schnell an den ungewohnten Geruch gewöhnt.

Das nehme ich gern zum Anlass, darauf aufmerksam zu machen, dass auch Katzen ihre Namen kennen und wissen, wer gemeint ist, wenn ich sie rufe. An diesem Beispiel kann ich deutlich zeigen, wie wichtig die Energiearbeit ist. Von dem Moment an, in dem ich die Katze beim Namen rufe, baue ich Energie auf. Die Zuschauer können beobachten, wie durch den Energieaufbau aus dem Vor-sich-hin-Dösen ein aufmerksames Aufpassen wird. Es ist herrlich zu sehen, wie schnell die Katze motiviert ist und sich für ihren nächsten Trick bereit macht.

Aischa

Bei der dokumentierten Vorführung habe ich auch die Gelegenheit, auf die verschiedenen Charaktere der einzelnen Tiere aufmerksam zu machen.

Ich kann gut demonstrieren, dass jede Katze anders reagiert. Als Beispiel nehme ich gern das Tragen. Ich trage die Katzen von ihren Podesten zu ihrem Requisit, auf dem sie ihren Trick zeigen. Wer genau zusieht, bemerkt, dass jede Katze anders hochgehoben und getragen wird. Aischa, meine Leitkatze, wird nicht gern getragen. Sie lässt sich überhaupt nicht gern festhalten. Sie schmust gern, aber nur dann, wenn ihr danach ist. Wenn ich sie trage, versuche ich sie nach Möglichkeit kaum festzuhalten, sie steht sozusagen auf meinen Armen und möchte möglichst schnell auf ihr Requisit gelassen werden. Sie ist eben eine kleine Diva, die selbst bestimmen möchte, wo es langgeht und in ihrer Bewegungsfreiheit nicht eingeschränkt werden will.

Aischa ist die Leitkatze. Sie ist dominant, intelligent und eigenwillig. Es fasziniert mich, mit ihr zu arbeiten.

Laika

Laika verhält sich ganz anders. Nachdem sie ihren Trick beendet hat – sie springt von Säule zu Säule –, setze ich mich zu ihr auf den Thron und nehme sie auf den Schoß. Dort rekelt sie sich genüsslich und kommt aus dem Schmusen kaum noch heraus. Auch wenn ich sie dann auf ihren Platz zurückbringe, liegt sie entspannt in meinen Armen und genießt es sichtlich, wenn ich sie noch ein wenig kraule. Wenn ich sie auf ihren Sitzplatz lasse, zögert sie es heraus, um so lange wie möglich die Streicheleinheiten zu genießen. Laika ist eine richtige Schmusekatze.

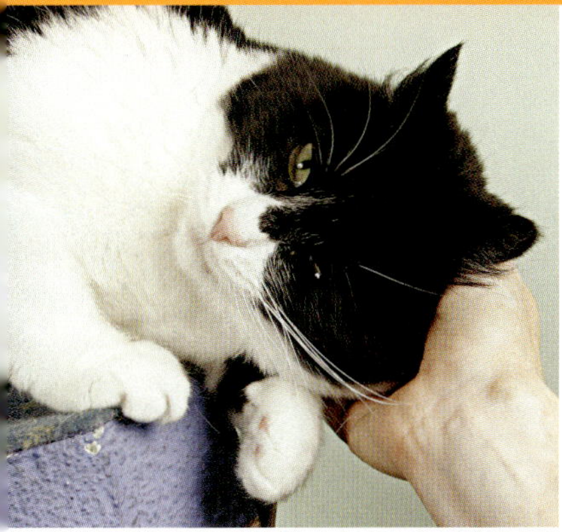

Laika meine Schmusekatze. Sie lässt keine Gelegenheit aus zu kuscheln und sich anzuschmiegen.

Sie ist auch im Katzenzimmer immer eine der Ersten, die um meine Beine streicht oder sich an mich kuschelt, wenn ich mich zu ihnen setze.

Sabu

Sabu, das einzige Männchen in der Truppe, ist ein anderer Spezialfall. Er ist mein Zappelphilipp. Er ist ein solches Energiebündel, dass er auf seinem Podest kaum genug Platz hat, seinen Bewegungsdrang auszuleben. Seine Vorderpfoten „pföteln" am Anfang der Vorführung unentwegt und er lässt keine Gelegenheit aus, mit mir von seinem Platz aus zu schmusen. Jedes Mal, wenn ich an ihm vorbeimuss, holt er sich seine Streicheleinheit ab. Auch wenn ich ihn trage, ist er eher ungeduldig und voller Tatendrang. Er ist auf seinen Trick fixiert und möchte gern arbeiten. In meinen Armen findet er keine Ruhe. Während der Vorführung legt sich seine Unruhe. Dann hockt er sich hin, klappt seine vorhin noch so unruhigen Vorderpfoten bequem unter seinen Körper, seine großen Augen werden zu kleinen Schlitzen, und bald schon ist er die Entspanntheit in Person. Wenn ich dann zu ihm gehe, ihn am Kopf und hinter den Ohren kraule, legt er sich flach hin, drückt seinen Kopf in meine Hand und würde mit Sicherheit von seinem Podest fallen, wenn ich nicht darauf bedacht wäre, ihn möglichst oben zu behalten. Sein wohliges Schnurren ist beinah bis zu den Zuschauerrängen zu hören.

Gezeigte Behaglichkeit

Die Menschen schauen so gern bei der Katzennummer zu, weil alle sehen können, dass die Tiere gern auf der Bühne sind. Da viele selbst eine oder mehrere Katzen haben, kennen die meisten Zuschauer das Verhalten der Tiere.

Katzen „verschwinden", wenn sie sich unwohl fühlen, wenn es ihnen zu viel wird oder wenn sie ihre Ruhe haben wollen.

Sabu ist der einzige Kater in der Truppe. Er ist ständig in Bewegung, ungeduldig und voller Tatendrang.

Ich bin im Walter Zoo aufgewachsen, bin gelernte Tierpflegerin und konnte bei meinem Vater alles über den Tierlehrerberuf erfahren.

Auf keinen Fall würden sie bleiben, schnurren und vor sich hin dösen, wenn es ihnen nicht behagen würde. Bei meiner ersten Katzentruppe hieß die Leitkatze Kiddi. Sie war, genau wie Aischa, sehr aufmerksam, sehr gelehrig, und es war eine Freude, mit ihr zu arbeiten. Sie war aber auch, genau wie Aischa, sehr eigenwillig. Hinzu kam, dass sie während ihrer Rolligkeit sehr launisch war. Dann war sie immer zart besaitet und wollte gern des Öfteren gebeten werden. Einmal erhielt sie ein scharfes „NEIN“, das mit viel Energie von meiner Seite unterstrichen worden war. Von diesem Moment an saß sie nur noch mit Blick nach hinten auf ihrem Podest und zeigte mir und den Zuschauern den Rücken. Sie war beleidigt, und das blieb sie die ganze Vorführung hindurch.

Warum ich auftrat

Durch den Zoo war ich tagtäglich mit Tieren zusammen. Als ich noch ein Kind war, war es selbstverständlich, dass wir alle Tiere, die bei uns abgegeben wurden, aufnahmen. Auch war es nichts Ungewöhnliches, Tiere von Hand aufzuziehen. So wohnte ich zusammen mit Papageien, jungen Tigern und Löwen, Vogelspinnen, Waschbären, Hunden, Schlangen und vielen andern Jungtieren im selben Haus. Sie gehörten alle zur Familie. Mit dem Erwachsenwerden kam die Frage der Berufswahl. Für mich war klar, dass ein Leben ohne Tiere kaum vorstellbar

sein würde. So machte ich eine Ausbildung als Tierpflegerin im eigenen Betrieb.
Ich liebte es, die Gehege mit frischen Ästen neu einzurichten. Ich richtete das Futter schön an, als wären es Dessertteller. Doch fehlte mir damals der nahe Kontakt zu den Tieren. Durch das Einüben von Kunststückchen war ein naher Kontakt unumgänglich. Die Beziehung zu den Tieren musste so sein, dass sie gestreichelt oder, je nach Tierart, auch getragen werden konnten. Sie mussten so zahm sein, dass eine Futterbelohnung gut gegeben werden konnte, am liebsten von Hand. Das war nur möglich, wenn ein intensiver Kontakt aufgebaut werden konnte.

Zoo und Auffangstation

Eine weitere Tatsache motivierte mich, mehr mit den Tieren zu arbeiten. Unser Zoo entstand nach und nach. Es kamen immer mehr Tiere dazu, weil sie von Privatleuten bei uns abgegeben wurden. Wir bekamen alle möglichen Tierarten, von

Vögeln über Krokodile bis zu Schlangen, Ziegen, Echsen oder gar Affen. Die Begründungen waren dieselben, wie sie es noch immer sind.
Der Papagei war zu laut, die Schlange wurde zu groß, der Aufwand zu zeitraubend, der Platz zu klein oder das Interesse am Tier ging schlicht und einfach verloren. Manchmal war der Besitzer gestorben. Oft fanden Papageien, deren vertraute Person verstorben war, den Weg zu uns in den Zoo. So hatten wir viele Einzeltiere, die eigentlich in Gruppen leben sollten. Wir hatten viele verschiedene Tierarten, die sich nicht miteinander vertrugen, und wir hatten zu wenig Platz für so viele Tiere.

Ein echter Zoo entsteht

So bauten wir immer größere Anlagen mit bescheidenen Mitteln. Mein Vater hielt Vorträge an den Schulen und war bald als Tierli-Walter bekannt. Doch dieses Einkommen reichte kaum für seine immer schneller wachsende „Tierfamilie". Bald wurden Spaziergänger auf unsere Anlage aufmerksam und kamen vorbei, um zu sehen, welche Tiere in den Gehegen waren. Wir hatten die Idee, eine Kasse aufzustellen. Aber auch diese Einnahmen reichten nicht aus, um alle nötigen Anschaffungen zu bezahlen. Das Interesse der Menschen aus der Umgebung wuchs jedoch ständig. So entstand aus unserem Zuhause ein richtiger Zoo. Wir verlangten Eintritt, und bald konnten wir auch Tierpfleger einstellen, die halfen, die Tiere zu versorgen.

Ich wollte immer mit Tieren leben und arbeiten. Durch den Zoo habe ich die verschiedensten Tiere kennengelernt.

Ein Verein wurde gegründet, der den Zoo finanziell unterstützen wollte. Vor allem der Gehegebau übertraf unsere finanziellen Mittel bei Weitem. Heute hat der Walter Zoo Verein mehr als 2000 Mitglieder, die uns unterstützen und das Überleben des Zoos schon einige Male gesichert haben. Im Jahr 2004 wurde aus dem mittlerweile größten Privatzoo der Schweiz eine Aktiengesellschaft. Aber bis dahin lag ein steiniger Weg hinter uns, der nicht selten eine wahre Gratwanderung darstellte.

Kleine Vorführungen

Aber zurück zu den Anfängen. Die abgegebenen Tiere waren sehr auf Menschen fixiert und orientierten

Egal, ob kleine oder große Katzen. Ich mag sie alle.

sich an den Tierpflegern und Besuchern. So ergab es sich, dass wir mit den Tieren spielten, während wir die Gehege säuberten. Für beide war dies eine willkommene Abwechslung. Mir wurde bewusst, dass die Tiere oft unterbeschäftigt waren. Und mir ist aufgefallen, dass die Besucher uns gern beim Spielen zusahen. Meistens wurden wir Tierpfleger mit Fragen „bombardiert". Für alle Beteiligten war das „Spielen" eine schöne Angelegenheit. Die Tiere hatten Beschäftigung und bei den Zuschauern wurde mehr Interesse an den Tieren geweckt.

Rosita war eine besondere Attraktion im Zirkuszelt. Es war toll, wie schnell und selbstständig sie die Tricks gelernt hatte.

So entstanden kleine Vorführungen aus den Spielen, während wir putzten. Die Vorführungen bekamen feste Zeiten und die Zoobesucher hatten Gelegenheit zuzusehen. Mein Vater wusste immer viel über die Tiere zu erzählen, mit denen er arbeitete, und so hatte er wiederum die Möglichkeit, den Menschen die Tiere näherzubringen.

Auftritte mit verschiedenen Tieren

Durch die Vorführungen entstand eine neue Einnahmequelle. Da Geld immer äußerst knapp war, mussten wir auch diese Verdienstmöglichkeit nutzen. Und das war meine Chance. Ich trat gern auf und zeigte gern, was ich mit den Tieren einstudiert hatte. So fing ich an, mit den Tieren zu „arbeiten". Ich studierte Nummern ein, die, wie im Zirkus, mit Musik untermalt wurden, in schönen Kostümen und mit schön gebauten Requisiten. So entstanden Auftritte an Hochzeiten, Versammlungen, Feiern oder Einweihungen. Und ich hatte die Möglichkeit, mich ganz auf die Tiere einzulassen. Ich konnte viel Zeit mit ihnen verbringen und ihr Verhalten erforschen. Jede Tierart war eine neue Herausforderung, denn bei allen musste ich andere Tricks anwenden, um ihnen etwas beizubringen. Doch etwas blieb stets dasselbe. Alle brauchten viel Geduld und viel Einfühlungsvermögen. Ich lernte, konsequent zu sein. Die Tiere brachten mir bei, dass es verschiedene Wege gibt, ein Ziel zu erreichen, und dass jeder das Ziel auf eine andere Weise erreicht.

Ein Geschenk fürs Leben
Ich habe ein großes Geschenk von den Tieren für mein Leben und die Arbeit mit ihnen erhalten. Ich habe gelernt zu fühlen! Dadurch kann ich besser sehen, besser riechen, besser tasten. Man kann nicht mal eben schnell mit Tieren arbeiten, man muss sich voll und ganz darauf einlassen, wenn man erfolgreich sein will. Wenn ich mit den Tieren arbeite, gibt es kein Gestern, kein Morgen, kein Später, nur das Jetzt.

Von Trainings und Auftritten

Die Nerven
Das Auftreten mit Tieren ist etwas ganz Besonderes. Auch hier lernte ich mich immer wieder neu kennen. Während des Auftritts gibt es Phasen von extremer Nervosität bis zur vollkommenen Ruhe, von unglaublicher Nervenanspannung bis zur totalen Befriedigung, von kaum auszuhaltender Muskelverkrampfung bis zu unsagbaren Glücksgefühlen.
In dieser Gefühlsspanne ist eine unbeschreibliche Fülle an Eindrücken und Empfindungen enthalten.
Meine Helfer schmunzeln nur, wenn ich vor dem Auftritt unentwegt sage: „Warum mache ich das bloß? Warum sitze ich nicht gemütlich zu Hause und erzähle meiner Tochter eine Gutenachtgeschichte? Stattdessen renne ich zu diesem Auftritt. Das brauche ich doch gar nicht!“ Auf dem Nachhauseweg hingegen lehne ich entspannt im Autositz und denke über den Abend nach. Lächelnd und genüsslich sage ich dann: „Wann ist denn der nächste Auftritt? Ich könnte gerade noch einmal auftreten. Es war einfach herrlich!“ Ich wundere mich nicht mehr über das lächelnde Schmunzeln meiner Helfer. Sie haben ja keine Ahnung!

Die Sache mit dem Lampenfieber
Wie geht es Ihnen, wenn Sie auftreten? Haben Sie es schon einmal probiert? Irgendwann müssen Sie es zusammen mit Ihrer Katze tun. Es ist grausam schön. Jeder Mensch reagiert anders, wenn er auftritt. Freddy Nock, der Hochseilartist, sagte mir einmal vor einer Premiere: „Ich bin froh, wenn ich endlich auf dem Seil stehe, dann bin ich wenigstens nicht mehr so nervös.“ Das hat mir Eindruck gemacht. Arbeitet er doch hoch oben in der Zirkuskuppel, ohne Netz und ohne Sicherung. Andere werden nervös, wenn sie auf der Bühne stehen, auch wenn sie noch vor dem Auftritt gelassen waren. Die einen zittern, die andern werden zur Ruhe selbst. Ich kenne Jongleure, die sind richtig gut, wenn es darauf ankommt, andere lassen viele Keulen oder Bälle fallen, wenn eine für sie wichtige Person im Publikum sitzt.

Der Vorteil der Tierlehrer
Die Tierlehrer haben einen Vorteil: Sie sind nicht allein. Sie haben Partner, die in der Regel einen Bonus beim Publikum haben. Lässt der Jongleur die Keulen fallen – na ja! Macht die Katze nicht sofort, was sie soll, ertönt ein „Ooh“.

Misslingt die Jonglage, war es ein schlechter Jongleur. Geht es bei der Katzennummer nicht ganz rund, heißt es oft versöhnlich: „Das waren aber putzige Katzen, so lieb und herzig.“ Keine Rede von einem misslungenen Trick.

Die Energie

Sie können getrost eine Vorführung riskieren. Betrachten Sie es als spannende Herausforderung. Erforschen Sie das Verhalten der Katze. Wie verhält sie sich, wenn sie einen Auftritt hat? Wie reagiert sie, wenn Leute zusehen? Wenn sie an einem andern Ort ihre Kunststücke machen soll? Verändert sich etwas an ihrem Verhalten, wenn plötzlich eine andere Energie bei der Arbeit herrscht? Verhalten Sie sich anders, wenn Sie die Katze für den Auftritt in die Box einladen? Ist es dieselbe Energie wie im Training? Wie verhalten Sie sich, wenn Leute zusehen? Wie fühlen Sie sich an einem anderen Ort, als in Ihrer gewohnten Umgebung? Wie ist Ihre Resonanz bei dieser anderen, neuen Energie, die im Raum herrscht? Können Sie Ihre Gedanken nur auf die Arbeit lenken, oder müssen Sie an die Zuschauer denken und an das, was diese vielleicht von Ihrer Darbietung halten? Versuchen Sie, Antworten zu diesen Fragen zu finden. Nur dann können Sie folgende, noch wichtigere Fragen klären. Reagiert die Katze anders, weil Zuschauer da sind oder weil Sie als Tierlehrerin sich anders verhalten? Fühlt sich die Katze wohl an einem fremden Ort oder nicht, weil er Ihnen behagt oder nicht behagt? Reagieren Sie auf die Energie der Katze oder auf die Energie der Zuschauer? Reagiert die Katze auf Sie oder auf die Energie der Zuschauer? Es gibt immer eine Reaktion, interessant ist zu wissen, welche Kombination zum Tragen kommt!

Wechselnde Orte

Vielleicht treten Sie außerhalb der vertrauten vier Wände auf. Dann muss man auch auf die Umgebung achten. Ich kontrolliere immer die Höhe, ob die Katze auch hier den Säulensprung machen kann. Ich lasse den Blick an den Wänden entlangschweifen, um eventuell offene Türen oder Fenster zu sehen und diese schließen zu lassen. Blendet das Licht? Haben die Katzen irgendwo die Möglichkeit, von ihren Podesten aus auf etwas hinaufzuklettern, oder gibt es eine andere Ablenkung im Raum wie zum Beispiel Nebengeräusche? Habe ich eine leere Wand im Rücken, oder befindet sich dort eine Tür oder ein Fenster? Ist die Tür abgeschlossen, oder könnte sie während der Vorführung aufgehen? Ist der Raum ebenerdig, sodass jemand an dem Fenster vorbeigehen oder gar hineinschauen könnte?
Es ist überaus nützlich, möglichst all diese Fragen zu klären, bevor der Auftritt beginnt. Manchmal ist das jedoch nicht möglich, da der Auftritt eine Überraschung ist und ich vorher nicht gesehen werden darf. Da bin ich immer froh, dass mein gut eingespieltes Team mich begleitet. Aber selbst während der Aufführung werden die Räumlichkeiten einen

kleinen Teil meiner Aufmerksamkeit beanspruchen. Ich nehme mit allen Sinnen jegliche Veränderung im Raum wahr und überprüfe daraufhin sofort das Verhalten der Katzen.

Viele Gerüche

Interessant für die Katzen sind die Gerüche. Alle Katzennasen sind beim Betreten der Bühne erst einmal in der Luft und schnuppern. Je nach Intensität der Gerüche brauchen die Katzen länger, bis ihre ganze Aufmerksamkeit wieder bei der Arbeit ist. Einmal trat ich bei einer Gesellschaft auf, die gerade mit dem Essen fertig war. Doch ein Nachzügler marschierte während meiner Nummer mit seinem frisch gegrillten Steak genau vor der Bühne entlang. Sechs Nasen folgten dem Fleischduft von einer Seite der Bühne zur anderen. Ich musste warten, bis der Mann an seinem Tisch weiter hinten Platz nahm, bevor die Katzen wieder bereit waren, weiterzuarbeiten. Bei der kommentierten Vorführung sind solche kleinen Verzögerungen lustig und kein Problem, zeige ich aber die Showversion, gerate ich durch die Musik arg in Verzug. Von dem Moment an, in dem die Katzen beginnen sich zu putzen, weiß ich, dass ihrem Wohlbefinden nichts mehr im Weg steht.

Neue Kostüme, empfindliche Nasen

Für das Programm im Zirkuszelt ließ ich dem Thema angepasste Kostüme nähen. Da meine Nummer in einer Dschungelszene integriert war, trat ich im Safarilook auf.

Ich war total überrascht, wie stark die Katzen auf den Ledergeruch reagierten. Sie ließen sich nicht mehr gern tragen und Kiddi verweigerte den Schlusstrick.
Ich war zuerst verwirrt und hatte keine plausible Erklärung für das Verhalten der Katzen. Letztendlich wurde mir klar, dass sie nicht mehr gern zu mir kamen. Das Einzige, was an mir anders war, war das Kostüm. Daraufhin beschloss ich, eine Lederimitation als Material für das Ersatzkostüm zu benutzen, und siehe da, die Katzen arbeiteten wieder mit wie früher, alles lief reibungslos und keiner der Tricks machte mehr Probleme.

Das tägliche Arbeiten im hauseigenen Zirkus hat die Katzen zu routinierten Artisten gemacht.

Eine andere Begebenheit, die für die Katzennasen eine Rolle spielte, fand wiederum im Zirkuszelt statt. Bei der Sechsertruppe waren die Sitzpodeste an den Flanken des Throns aufgestellt. Drei Katzen saßen auf der linken, drei auf der rechten Seite der Bühne. Eines Tages verhielten sich die Katzen auf der rechten Seite ganz normal. Sie saßen auf ihren Podesten, und bald schon putzten sich alle drei. Auf der linken Seite herrschte Unruhe. Momo, die Katze in der Mitte, fand einfach keine Ruhe. Immer wenn sie begann, sich zu putzen, stand sie auf und drehte sich auf ihrem Sitzplatz zwei-, dreimal im Kreis. Dann setzte sie sich wieder hin, um erneut mit der „Katzenwäsche" zu beginnen, doch kurz darauf lief sie wieder im Kreis. Ratschi zu ihrer linken und Sabu auf der rechten Seite reckten immer wieder ihre Köpfe in Momos Richtung.

Ich bin stolz darauf, wie zuverlässig die Katzen arbeiten. Es spielt keine Rolle, ob wir in einem Zelt sind, in einem großen Saal oder draußen in der Arena.

Ab und zu streckten sie ihre Pfote auf Momos Platz, und ich hatte einiges zu tun, die Tiere auf ihren Plätzen zu halten. Momo fühlte sich nicht richtig wohl auf ihrem Platz. Bei ihren Tricks arbeitete sie tadellos, es musste also etwas mit ihrem Podest nicht stimmen. So war es auch. Als ich nach der Vorstellung die Sitzhocker genauer unter die Lupe nahm, fand ich auf Momos Platz Haare, die nicht von ihr sein konnten. Momo war schwarz und hatte einen weißen Bauch, doch die Haare auf ihrem Platz waren hellbraun. Eine fremde Katze muss nachts im Zelt gewesen sein, hatte es sich auf Momos Sitzplatz bequem gemacht und wahrscheinlich einen Großteil der Nacht darauf verbracht.

Mit Musik

Ein weiterer Faktor ist die Musik. Es gibt verschiedene Möglichkeiten, die Nummer mit Musik aufzubauen. Eine Möglichkeit ist, eine schöne Musik zu finden, die im Hintergrund eine angenehme akustische Atmosphäre verbreitet. Dann kann man in Ruhe die einstudierten Tricks zeigen und braucht sich nur auf die Katzen und die Tricks zu konzentrieren.

Die Choreografie

Ich habe die Musik als unterstützendes Hilfsmittel entdeckt, um die Dramatik der einzelnen Tricks besser hervorheben zu können. Das heißt, dass jedem Trick ein für ihn bestimmtes Musikstück zugedacht ist. Der Vorteil dieser Variante ist, dass die Stimmung der Tricks aufgenom-

men wird, die Musik zur Nummer gehört und diese unterstützt. Abgestimmte Musik vervollkommnet die Nummer und rundet sie zu einem Ganzen ab. Der große Nachteil ist der Zeitdruck, denn die CD läuft gnadenlos weiter, egal ob die Katze schnell oder langsam arbeitet. Arbeitet sie zu schnell, habe ich mehr Zeit für Streicheleinheiten und kann etwas länger mit ihr schmusen. Arbeitet sie jedoch zu langsam oder wir müssen einen Trick wiederholen, wird die Zeit knapp. Doch gerade Druck ist die Energie, auf die die Katzen am meisten reagieren. Weder zu viel Druck noch zu wenig Druck hilft, um schneller zu werden. Man braucht Geduld und Ruhe. Gerade dann, wenn wir in der Nummer hinterherhinken, darf umso weniger forciert werden. Dann liegt es an mir, die Musik laufen zu lassen, zu versuchen sie zu ignorieren und zur Hintergrundmusik werden zu lassen. Meine Aischa fordert mich gerade in dieser Beziehung immer wieder von neuem heraus. Wenn ich ihr gegenüber auch nur eine Nuance zu viel Druck gebe, lässt sie sich umso länger bitten. Nur wenn ich vergesse, was ein drängendes Gefühl verursachen könnte, kann ich sie zur Ausführung des Tricks motivieren.
Die Musik ist ein Faktor, der die Tierlehrerin während des Auftritts herausfordert. Doch oftmals wird ihm beim Training zu wenig Beachtung geschenkt und der Schwierigkeitsfaktor kommt erst während des Auftritts zum Tragen.

Die Auftrittszeit

Das Training findet in der Regel während des Arbeitstages statt.
Die Auftritte sind oft am frühen oder späteren Abend. Das ändert die Situation auf zwei Arten. Zum einen sind Katzen am Abend meist aktiver als am Morgen oder Nachmittag. Das heißt, ich habe es mit einer viel lebhafteren Bande zu tun. Der zweite Faktor ist das Futter. Trainiere ich am Tag, bekommen sie ihr Futter wie gewöhnlich am Abend. Habe ich jedoch einen Auftritt am Abend, so füttere ich sie nicht vorher. Dieser kleine Hunger unterstützt die Lebhaftigkeit. Mir ist es recht, wenn die Katzen etwas lebhaft sind. Ich habe dann das Gefühl, dass die Nummer Schwung hat. Ich muss aber selbst auch sehr auf Draht sein, und das wiederum überträgt sich auch auf die Zuschauer. Sind die Katzen träge, muss ich wesentlich mehr Energie

Geduldig wartet Sabu auf seinen Trick. Die Katzen wissen ganz genau, wann sie an der Reihe sind.

Die Katzen sind die Ruhe selbst. Gemütlich wird geputzt und genüsslich dabei geschnurrt.

aufwenden, die Nummer wird langsamer. Auch das überträgt sich auf die Zuschauer. Ich habe dann das Gefühl, dass die Leute verträumter zuschauen, weniger spontan reagieren. Auch der Applaus hat eher eine schmeichelnde als peppige Energie, aber eine nicht weniger freudige.

Das Wetter spielt eine Rolle

Ich spüre auch die Wetterwechsel bei den Tieren. An Regen- oder gar Gewittertagen arbeitet es sich anders als an sonnigen und warmen oder schwülen Tagen. Auch die Raumtemperatur spielt eine Rolle. Die Tiere sind aktiver, wenn es auf der Bühne nicht zu heiß ist. Eher zäh kommen die Katzen auf Touren, wenn ich sie vom Sonnenbaden direkt auf die Showbühne hole.

Das verwundert natürlich nicht, und so habe ich als Tierlehrerin mit der gleichen Show, den gleichen Tieren, vielleicht sogar den gleichen Räumlichkeiten doch immer andere Situationen, auf die ich mich einstellen muss.

Das Wohlbefinden

In der Regel fühlten sich die Katzen pudelwohl bei ihren Auftritten. Doch einmal hatte Garfield Durchfall. Das war eher eine „beschissene" Vorstellung. Mir fiel auf, dass er unruhig auf seinem Podest war, er, der sonst seinem Namen alle Ehre machte, eher ein ruhiger Typ war und meistens friedlich vor sich hin döste.

Jedenfalls versuchte ich so gut es ging an ihm vorbeizugehen, ohne meine Nase zu rümpfen und mein Gesicht zu verziehen. Seinen Trick musste er an dieser Vorführung nicht machen.

Im Frühling, während des Fellwechsels, kann es vorkommen, dass ausgerechnet während der Vorführung ein Fellhaarknäuel im Magen drückt. Wenn ich es früh genug bemerke, kann ich die Katze ablenken, und sie verschiebt das Herauswürgen des Störenfrieds bis nach der Show. Ansonsten bleibt mir nur der Versuch, die Aufmerksamkeit der Zuschauer auf eine andere Katze zu lenken, was nicht so einfach ist.

Rolligkeit

Vor allem in den ersten Jahren kann die Rolligkeit das Verhalten der Katze für ein paar Tage verändern. Gerade bei den ersten Malen kann die Katze sehr teilnahmslos dasitzen und ist dann auch sehr schwer zu motivieren. Kiddi zum Beispiel war dann immer sehr launisch. Ich musste sie bei allem mit Samthandschuhen anfassen. In dieser Phase konnte es auch vorkommen, dass sie mir bei dem Versuch, sie von ihrem Platz zu heben, mit angelegten Ohren einen Pfotenhieb austeilte. Mit ausgefahrenen Krallen natürlich! Unser Schlusstrick, der Sprung von der Säule in meine Arme, war dann immer eine Überraschung. Tut sie's oder tut sie's nicht, das war dann die Frage.

Laikas Lethargie

Meine Laika hatte mir in puncto Wohlbefinden von allen Katzen am längsten Kopfzerbrechen bereitet. Sie war eine lebhafte und aktive Katze. Nach vier Jahren motiviertem Arbeiten wurde sie immer in sich gekehrter. Ich musste, für sie ungewöhnlich, immer mehr Motivationsarbeit leisten. Mir fiel auch auf, dass sie keine Freude mehr an der Belohnung hatte. Nicht selten fraß sie das Fleischstück nicht einmal mehr. Ich probierte andere Leckerbissen aus. Aber nichts war wirklich überzeugend. Im Katzenzimmer und während des Fütterns war mir nichts aufgefallen, dort schien sie aktiv, fraß schnell und nicht auffallend wählerisch. Sie blieb mir über einige Zeit ein Rätsel und ich konnte mir ihr Verhalten nicht erklären. Eines Abends bekam sie beim Füttern eine Art epileptischen Anfall. Sofort brachte ich sie zum Tierarzt. Dieser stellte eine Entzündung im Zahnfleisch fest. Er musste ihr drei Zähne ziehen. Als sie sich von der Operation erholt hatte, wagten wir ein Training. Ich kam aus dem Staunen nicht mehr heraus. Laika war richtig lebhaft. Sie sprang eifrig von Säule zu Säule, ohne dass ich viel Energie hinzugeben musste. Und sie fraß genüsslich, beinahe gierig das Rindfleischstückchen. Es war nicht so, dass sie die Belohnung nicht mehr gemocht hatte, nein, sie konnte das zähe Fleisch mit ihren entzündeten Zähnen nicht mehr beißen. Sie hatte an Lebensenergie verloren, weil sie Zahnschmerzen hatte.

Ist es nicht faszinierend, diese Konzentration, dieser Blick, diese Aufmerksamkeit?

Ich hatte wieder etwas gelernt. Wenn mir Verhaltensweisen der Katzen bei der Arbeit auffallen, die mir ungewöhnlich erscheinen, muss ich in Zukunft hartnäckiger nach der Ursache forschen.

Rangordnungsgeplänkel

Rangordnungsverschiebungen können auch die Verhaltensweisen der Katzen ändern. Eine Katze, die von der Gruppe oder der Leitkatze unterdrückt wird, verhält sich passiver. Ihr Ausdruck ist eher teilnahmslos. Sie zeigt zwar zuverlässig ihre Tricks, wirkt aber auf ihrem Podest abwesend. Mein Tigerli war so ein Fall. Obwohl sie von der Statur her eine recht große Katze war, wurde sie von der Gruppe unterdrückt. Ich hatte Mühe, ihr Tricks beizubringen. Sie hatte einfach zu wenig Interesse am Arbeiten, mitgekommen ist sie aber immer gern.

So war ich zufrieden, dass sie beim Eröffnungstrick mitmachte, ließ sie aber während der restlichen Show auf ihrem Podest vor sich hin dösen. Nach zehn Jahren Katzenshow erkrankten im selben Jahr drei Katzen (Garfield, Blacky und Fisto) an VIP, dem Katzenaids. Die Katzennummer war im Showprogramm im Zirkuszelt integriert. Da ich mit den kranken Katzen nicht mehr arbeiten wollte, die Katzenshow aber ein wichtiger Bestandteil des Zirkusprogramms war, versuchte ich mit Kiddi und dem Tigerli die Nummer zu zeigen. Ich musste die Nummer natürlich verändern, und so setzte ich das Tigerli spontan auf einen Hocker und probierte ohne viel Hoffnung, ihr noch etwas beizubringen. Sie belehrte mich eines Besseren. Das Tigerli entwickelte sich innerhalb kurzer Zeit als verkanntes Talent.

Dank der kommentierten Vorführungen kann ich den Zuschauern auch einiges über das Verhalten der Tiere erklären.

Im Gespräch mit Dennis C. Turner, einem Fachmann in der Verhaltensforschung, bei einem Auftritt.

Sie lernte mit Freude einige neue Tricks, obwohl sie fast zehn Jahre lang außer der Eröffnung nichts gemacht hatte. Das Tigerli blühte richtig auf. Ihr ganzer Ausdruck veränderte sich, ihre Augen bekamen Feuer, ihr Gang wurde aufrechter, stolzer. Mit dem Ende der Zirkussaison beendete ich die Auftritte. Drei Katzen im selben Jahr zu verlieren schmerzte sehr. Auch Tigerli lebte nur noch ein Jahr länger, bevor auch sie der tödlichen Krankheit unterlag. Kiddi aber ging in Pension zu meiner Mutter. Dort wurde sie so richtig verwöhnt. Sie starb im stattlichen Alter von achtzehn Jahren.

Stolz

Als ich mich von Kiddi verabschiedete, erfüllte mich die Erinnerung an meine erste Katzentruppe mit unglaublichem Stolz. Entgegen allen Prophezeiungen der Fachleute war es mir gelungen, fünf Katzengeschwister zu dressieren und eine faszinierende Nummer aufzubauen. Falls es mir gelänge, mit den Tieren zu arbeiten, so würde das höchstens drei, vielleicht vier Jahre funktionieren, wie mir von Fachleuten gesagt wurde. Junge Tiere spielen gern, alte Katzen würden nicht mehr mitmachen. Meine Katzen arbeiteten über zehn Jahre lang. Sie wurden immer besser und zuverlässiger, zeigten auch im zehnten Jahr gewandt und freudig ihr Können. Und zu guter Letzt bewies das Tigerli mir, und allen Fachleuten dazu, dass auch eine gut zehnjährige Katze Neues lernen kann, und das mit Freude!

Vorbereitungen bei einem Auftritt

Gut vorbereitet

Wenn ich einen Auftritt habe, gibt mir das Training am Vortag eine gewisse Sicherheit. Ich erkenne dann, ob alle Katzen aktiv und gesund sind und wie die Stimmung untereinander ist. Ich sehe, ob sie Freude an der Belohnung haben oder eher überfüttert sind. Ich habe bei allen Punkten noch die Möglichkeit zu reagieren. Ich kann die Ursache herausfinden oder, wenn es eine Futterfrage ist, mit der Futtermenge oder der Fütterungszeit variieren. Ich habe bei diesem Training gleichzeitig auch einen Requisitentest gemacht. Ich achte genauer auf die Funktionalität der Requisiten und kontrolliere den Dekor. Nach dem Training mache ich alles zum Verladen bereit. Ich kontrolliere die Kostüme und lege den Vertrag wie auch die Routenbeschreibung bereit. Die Abfahrtszeit ist festgelegt, und zwar nicht zu knapp (sonst ist der Stress beim

Durch die Katzen werde ich ruhig und sicher, auch wenn die Umstände für den Auftritt nicht immer optimal sind.

Falschfahren nicht auszuhalten). Nach dem Verladen noch ein letzter Check, ob alles an Bord gegangen ist. So, nun habe ich noch eine erholsame Nacht vor mir, da alles gut vorbereitet ist.

Die Fahrt

Vor der Abfahrt am Auftrittstag hole ich die Katzen. Ich spüre noch keine Nervosität und kann ruhig und recht gelassen die Katzen einladen. Ich sage ihnen, dass sie einen Auftritt haben und wir auswärts arbeiten werden. Auf der Fahrt steigt meine Nervosität. Vor allem dann, wenn etwas Außergewöhnliches geplant ist. Wenn zum Beispiel die Räumlichkeiten nicht optimal sind, wenn ich schon weiß, dass es besonders eng wird, oder der Auftritt in einem Zelt sein wird. Natürlich bin ich auch immer nervös, wenn prominente Leute anwesend sein werden. Fernsehauftritte sind ein Kapitel für sich. Da hoffe ich immer auf gute Regisseure, denn ich hasse es, unter Zeitdruck zu arbeiten. Wenn mich ein lächelnder Blick vonseiten meines Fahrers streift, weiß ich, dass ich all meine Bedenken laut vor mich hin gemurmelt habe und mein Murmeln damit geendet hat, dass ich mich ununterbrochen gefragt habe, warum ich überhaupt auftrete.

Erlebnisse bei meinen Katzenauftritten

Der Auftrittsort

Am Auftrittsort angekommen hoffe ich immer, dass der versprochene Parkplatz auch wirklich vorhanden ist und dass er sich auch möglichst in der Nähe der Bühne befindet. Einparken, nachsehen, ob bei den Katzen alles in Ordnung ist, und los zum Veranstalter. Dort muss ich als Erstes den Verantwortlichen suchen und mit ihm den Ablauf und die genaue Zeit besprechen. Die erste große Anspannung kann ich nun abbauen. Der Auftrittsort ist rechtzeitig gefunden worden.
Jetzt nutze ich die verbleibende Zeit, um die Bühne zu begutachten. Das ist ein Grund, wieder etwas nervös zu werden. Nicht selten mussten wir nochmals mit dem Verantwortlichen sprechen, weil die Bühne zu klein, der Abstand zu den Zuschauern zu gering oder die Bühne zu wenig Höhe bot. Im Vertrag stehen genaue Daten, oft werden sie jedoch zu wenig beachtet. Vielleicht entspricht die Bühne der abgemachten Größe.

Wenn aber eine ganze Band ihre Musikanlage darauf aufgebaut hat, schrumpft der zur Verfügung stehende Platz enorm. Was nun? Baut die Band ab, oder trete ich an einem anderen Platz auf, kann ich überhaupt auftreten? Die Spannung steigt! Ich war froh um meine guten Helfer. Die Diskussionen mit dem Veranstalter, die Suche nach der Lösung konnte ich in gute Hände geben.

Etwas eng!

Ich erinnere mich an einen Auftritt in einem Restaurant. Als wir die Gesellschaft in dem schmucken kleinen Häuschen suchten, schwante uns Böses.
Ein schmaler Gang, sehr schmal und lang, führte geradeaus. Plötzlich kam eine Tür. Dahinter war ein stubenartiger Raum, voller Tische und voller Menschen. Keine Bühne weit und breit, eigentlich war überhaupt kein bisschen Platz vorhanden, um irgendetwas Zusätzliches in diesem Zimmer aufzustellen. Ich war außerstande mehr zu tun, als kopfschüttelnd dazustehen. Es war einfach unmöglich. Letztendlich war es Millimeterarbeit. Wir rückten die Tische so nahe zusammen wie möglich oder stapelten sie aufeinander. Die Gäste mussten mit ihren Stühlen Plätze suchen und saßen oder standen zusammengepfercht in diesem kleinen Raum. Das Beste war, dass wir mit unseren Requisiten auch noch mitten durch diese Stube mussten, sodass während des ganzen Aufbaus niemand mehr ruhig sitzen bleiben konnte. Mein Katzentisch! Es ist mir noch heute ein Rätsel, wie dieser in dem schmalen Gang im rechten Winkel um die Ecke gezirkelt werden konnte und durch diese schmale Tür in das Zimmer gelangte. Das Podest für die Katzen mussten wir auseinanderschrauben und im Auftrittsraum wieder aufbauen. Am Ende machte ich die Katzennummer dort. Die vorderen Leute hatten ihre Knie nur eine Handbreit von meinem Tisch weg. Das Zimmer war so niedrig dass Kiddi geduckt auf ihrer Säule sitzen musste, bevor sie zu mir in die Arme sprang. Blacky musste pfeilgerade von Säule zu Säule springen, um nicht an der Decke anzuschlagen. Die Katzen waren super. Die Leute waren begeistert, und ich denke, auch ihnen ist der Abend lange in Erinnerung geblieben. Ich war am Ende todmüde und erschöpft, und meine Helfer waren schweißgebadet vom Requisitenschleppen.

Die Requisiten geben den Katzen Halt und Sicherheit. Die Umgebung wird nur schnell beschnuppert mit einem Blick gestreift und weiter nicht beachtet.

Hunde- und Katzenausstellungen
In der Regel sind die Umstände angenehmer. Aufgeregt war ich auch auf der Fahrt zur ersten Hunde- oder Katzenausstellung. Was wäre, wenn ein Hund ...? Oder wenn die Katzen Katzen jagen ...? Es war nie ein Problem. Meine Tiere blieben schön auf ihren Podesten und arbeiteten, als ob nichts sei, und die Hunde oder Katzen der Ausstellung blieben brav bei Herrchen oder Frauchen.

Zeit des Wartens
Nachdem ich jeweils die Bedingungen und Umstände des jeweiligen Auftritts kannte, kam die Zeit des Wartens. Einerseits ist es eine Gnadenfrist, um die angespannten Glieder etwas zu entspannen, andererseits war genug Zeit, den Kopf mit allerlei Eventualitäten zu füllen. Ich war immer froh, wenn endlich der Zeitpunkt gekommen war, um das Kostüm anzuziehen, die Katzen in die Körbe zu laden und daraufhin auf die Bühne zu gehen. Hinter der Bühne spuckten wir uns alle (meine beiden Helfer und ich) drei Mal über die Schulter. Das bringt Glück! Und dann ging's auf die Bühne. Ich war und bin immer noch unglaublich nervös und angespannt bis zu dem Moment, in dem ich den Deckel öffne und die Katzen sehe. Dann ist meine ganze Nervosität wie weggeblasen. Es ist wie Magie. Es entsteht eine ganz besondere Verbindung zwischen den Katzen und mir. Wir geben uns Sicherheit und können dann konzentriert unsere Arbeit machen.

Hilfreiche Unterstützung
Bei fünf oder sechs Katzen gleichzeitig bin ich natürlich auch froh um die Hilfe meiner Assistenten. Während ich mit den Katzen auf dem Tisch oder dem Thron arbeite, habe ich die Gewissheit, dass mich jemand rechtzeitig warnt, falls irgendetwas auf den Podestchen in meinem Rücken geschieht. Ich werde rechtzeitig darauf aufmerksam gemacht, wenn zum Beispiel die Katzen anfangen, ihre Plätze zu tauschen. Einmal ist es passiert, dass eine Katze ihren Platz verlassen hat, und über eine andere Katze „geklettert" ist, um etwas, das sie interessiert hat. anzusehen. Dabei hat sie die zweite Katze, die sich putzte, geradewegs von ihrem Podest gestoßen. Diese fand ihr Gleichgewicht nicht mehr und musste auf den Boden springen. Das alles passierte just in dem Moment, als ich mit zwei anderen Katzen vorn auf dem Pyramidentisch gearbeitet hatte. Mein Assistent konnte sofort helfen und die Katze vom Boden aufheben, auf ihren Platz zurücksetzen, während ich auf die restlichen Katzen und auf die beiden auf dem Tisch achten konnte.

Ein dicker schwarzer Käfer
Spannend war auch eine andere Begebenheit. Ich trat mit den sechs Katzen im hauseigenen Zirkuszelt auf. Die junge Katzentruppe arbeitete in ihrer ersten Saison und brauchte noch ein wenig Routine. Plötzlich spürte ich eine eigenartige Spannung im Rücken. Ich sah, dass alle Katzen den Boden fixierten.

Dann erspähte ich den Grund. Ein großer schwarzer Käfer spazierte gemächlich über den Teppich der Bühne. Ich wusste, wenn eine der Katzen auf den Käfer losspringt, habe ich in der gleichen Sekunde sechs Katzen auf dem Boden verteilt. Denselben Effekt habe ich, wenn ich ruckartig auf den Käfer zuspringe. Jetzt war Fingerspitzengefühl gefragt. Ich konnte auch nicht langsam auf den Käfer zugehen und ihn zertreten. Zum einen wäre er so flach und platt noch immer interessant, zum anderen hatte ich noch 400 Zirkusbesucher, die gespannt auf mein Handeln warteten. Da kam meine Rettung. Ich bemerkte, dass mein Helfer den Käfer gesehen hatte und ganz ruhig und gemächlich auf ihn zuging. Ich hoffte inständig, er würde den Käfer auch nicht zertreten, weil das Problem damit nicht gelöst wäre. Zum andern wollte ich nicht mit ihm reden, denn das hätte meinen Energiefluss zu den Katzen unterbrochen. Mein ganzes Bemühen lag darin, die Aufmerksamkeit der Katzen auf mich zu lenken. Ich überließ das Schicksal des Käfers meinem Assistenten und verdrängte alle Gedanken an den sechsbeinigen Störenfried aus meinem Kopf, um meine volle Konzentration auf die Katzen zu lenken. Glücklicherweise bückte sich mein Helfer, nahm den Laufkäfer auf seine Handfläche und deckte ihn mit der andern Hand zu. Genauso langsam und gemächlich, wie er gekommen war, schritt er von dannen. Irgendwo hinter den Kulissen ließ er ihn laufen, und so konnte der Käfer einen anderen Weg einschlagen. Immer wieder kontrollierten die Katzen den Boden, um sich zu vergewissern, ob auch kein Käfer mehr da war. Als mein Helfer seinen Platz wieder eingenommen hatte, konnte ich mit meiner Nummer weitermachen. Suchende Blicke nach dem Käfer gab es auch noch zwei, drei weitere Tage, bis die Katzen die Situation vergessen hatten.

„Diesen Käfer hätte ich zum Fressen gern.“

So ein Käfer hatte mich zum Schwitzen gebracht, die Katzen fanden ihn höchst interessant und mein Assistent hat ihm das Leben gerettet.

Liveauftritt im Musikantenstadl
Nicht so schnell konnte Kiddi ihren Auftritt im Musikantenstadl vergessen. Noch heute schrillen alle Alarmglocken, wenn Situationen auftreten, die mich an diesen Auftritt erinnern. Sehr positiv und begeisternd war das Echo nach der Ausstrahlung der Sendung, und noch jahrelang sprachen die Leute davon, mich dort gesehen zu haben. Doch eine große Enttäuschung trübt die positive Erinnerung an die Livesendung. Der Regisseur, seinen Namen habe ich in der Zwischenzeit vergessen, stand unter solchem Druck, dass sein Umgang mit seinen Mitarbeitern mehr als zu wünschen übrig ließ. Ich bekam weder Zeit, die Tiere an die Bühne zu gewöhnen, noch fanden meine Einwände in Bezug auf die Aufstellung meiner Requisiten Gehör. Die Katzenpodeste waren so weit vom Arbeitstisch entfernt, dass ich keine Chance hatte, die Verbindung zu den Katzen zu halten. Wären eine oder mehrere Katzen auf den Boden gesprungen, hätte ich Mühe gehabt, sie so schnell wiederzufinden. Ich wäre zu weit entfernt gewesen, um sie sofort hochzuheben. Ich bekam Angst und fragte mich, ob ich sie überhaupt wiederfinden würde, sollten sie aus irgendeinem Grund erschrecken und fliehen.
Ich sollte die Nummer zudem drastisch kürzen, aber selbstverständlich alle Tricks zeigen. Das bedeutete, alle unnötigen Streicheleinheiten weglassen. Ich bekam kaum genügend Zeit, in Ruhe einen Durchlauf zu proben, und der Umgangston auf dem Sendeplatz stimmte einen nicht gerade heiter. Ich wäre am liebsten gegangen. Heute würde ich es tun, und zwar ohne auch nur mit der Wimper zu zucken. Damals war ich zu perplex. Alles ging so schnell, dass ich kaum begriff, was eigentlich geschah. Bei der Probe fragte ich nach, ob bei dem Auftritt alles so sein würde, wie es jetzt geprobt wurde. Ich wollte wissen, ob zum Beispiel die Lichteinstellung so bleiben würde, ob die Requisiten definitiv so stehen, ob die Kameras auf ihren Positionen bleiben würden usw. Alles würde so sein, wie es jetzt geprobt würde, kam die ungeduldige, herrische Antwort vonseiten der Regie. Ich war mit meinen Nerven schon ziemlich am Ende, die Freude an diesem Auftritt war mir schon längst vergangen. Ich wäre froh, wenn es endlich vorbei wäre. Aber das war es nicht.

Riesengroßes Katzenmonster
Mein Auftritt kam, ich platzierte die Katzen auf ihren Podesten und dann ... (Mein Magen verkrampft sich noch heute, wenn ich daran zurückdenke.) Eine riesengroße Leinwand war nur einige Meter hinter den Katzen aufgebaut worden. Die Aufnahmen von den Katzen wurden auf diesem Bildschirm für die 5000 Zuschauer der Livesendung um ein vielfaches vergrößert wiedergegeben. Als Kiddi eine solche Riesenkatze hinter sich sah, machte sie einen Katzenbuckel, sträubte die Haare vom Kopf bis zu der Schwanzspitze und fauchte und zischte mit

buschigem Schwanz das Ungeheuer an. Ich weiß heute nicht mehr, wie ich diese Tortur überstanden habe. Ich weiß nur, dass ich fix und fertig war, mir geschworen habe, unter solchen Bedingungen nie wieder zu arbeiten. Ich brauchte Wochen, um die Nummer wieder rund und unbeschwert zeigen zu können. Ob es an mir lag, oder an den Katzen weiß ich nicht. Kiddi jedenfalls verweigerte noch monatelang den Schlusstrick. Meinen Schwur aber habe ich gehalten. Von diesem Tag an bestimmte ich, was ich für den Auftritt brauchte. Kam man mir nicht entgegen oder wurde nicht akzeptiert, dass Tiere nicht wie Maschinen funktionieren, so gab es nichts, was mich dort noch hielt. Von diesem Tag an war ich klar und deutlich. Meine Katzen waren mir zu wichtig!

Junges Glück

Heute zieht es mich nicht mehr so sehr in die weite Welt hinaus. Ich liebe meine kleine Bühne im Zoorestaurant, auf der ich mich auskenne und wohlfühle, genau wie meine Katzen auch. Dort zeige ich die dokumentierte Katzenshow, ohne Glanz und Gloria, dafür so natürlich und ruhig wie möglich. Dort habe ich die Zeit und Muße, den Katzen so viele Streicheleinheiten zu geben, wie sie brauchen. Apropos Streicheleinheiten. Ein schönes Erlebnis mit der Katzennummer möchte ich Ihnen gern noch erzählen. Ein junger Mann wollte die Katzennummer engagieren. Nicht etwa für ein großes Fest mit vielen Gästen, nein, nur für seine Freundin. Er wollte seiner Liebsten bei der Feierlichkeit einen Heiratsantrag machen. Da seine Verlobte eine Katzennärrin sei, würde ihr der Abend sicher in besonders schöner Erinnerung bleiben. Wir einigten uns darauf, dass das Paar zu mir nach Gossau kam. Wir richteten das Restaurant sehr romantisch ein und empfingen die beiden Gäste zum Dinner. Es war ein eigenartiges Gefühl auf der Bühne zu stehen und die Katzennummer für zwei Verliebte zu zeigen. Meistens war das Restaurant zum Bersten voll und dementsprechend mit Energie gefüllt. Diesmal war es anders und ich genoss jeden Augenblick dieser Vorführung, denn die freudige Erwartung und das Glück, das die beiden mir entgegenbrachten, sprang auf mich über. – Übrigens nahm die Verlobte den Heiratsantrag an.

Sollte ich einmal Enkel haben, werde ich ihnen mit Genuss all die schönen Erlebnisse, die ich mit meinen Katzen hatte, erzählen.

Zum Weiterlesen

Bailey, Gwen:
Was denkt meine Katze? Katzenverhalten auf einen Blick. Kosmos 2005.

Halls, Vicky:
Die Katzenflüsterin. Erfolgreiche Kommunikation, vertrauensvolles Miteinander. Kosmos 2007.

Lauer, Isabella:
Populäre Irrtümer über Katzen. Warum Katzenwäsche für die Katz' ist und uns mit Kater der Morgen graut. Kosmos 2007.

Leyhausen, Paul:
Die Katzenseele. Wesen und Sozialverhalten. Kosmos 2005.

Metz, Gabriele:
Katzen – Was Samtpfoten glücklich macht. Kosmos 2008.

Seidl, Denise:
Mit Katzen leben. Richtig pflegen, füttern und beschäftigen. Kosmos 2007.

Seidl, Denise:
Wenn meine Katze Probleme macht. Katzenverhalten verstehen, Probleme lösen. Kosmos 2008.

Turner, Dennis C.:
Turners Katzenbuch. Wie Katzen sind, was Katzen wollen ... Der Weg zu einer glücklichen Beziehung. Kosmos 2004.

Nützliche Adressen

Wenn Sie Gabis Katzenshow sowie die Tiere im Walter Zoo bewundern wollen:

Abenteuerland
WALTER ZOO AG GOSSAU
Neuchlen 200
CH-9200 Gossau SG
www.walterzoo.ch

Register

Bildnachweis

129 Farbfotos wurden von Reiner Greulach extra für dieses Buch aufgenommen. Weitere Farbfotos von Gabi Federer (11; S. 18 oben, 20, 75, 80, 81, 99, 110 beide, 113, 121, 125); Juniors Bildarchiv (3; S. 45, 104, 123 unten); Reinhard Tierfoto (3; S. 7, 16 beide); Walter Zoo (3; S. 108, 109 beide).

Impressum

Umschlaggestaltung von eStudio Calamar unter Verwendung von drei Farbfotos von Reiner Greulach.

Mit 155 Farbfotos.

Gedruckt auf chlorfrei gebleichtem Papier

ISBN 978-3-440-10992-2
Redaktion: Alice Rieger
Gestaltungskonzept: eStudio Calamar
Gestaltung und Satz: Atelier Krohmer
Produktion: Eva Schmidt
Printed in The Czech Republic / Imprimé en République Tchèque